Serkan Balkan

Doğu - Batı, Kuzey - Güney Ekseninde Enerji Terminali Türkiye

Serkan Balkan

Doğu - Batı, Kuzey - Güney Ekseninde Enerji Terminali Türkiye

Türkiye Alim Kitapları

Impressum / Künye
Bibliografische Information der Deutschen Nationalbibliothek: Die Deutsche Nationalbibliothek verzeichnet diese Publikation in der Deutschen Nationalbibliografie; detaillierte bibliografische Daten sind im Internet über http://dnb.d-nb.de abrufbar.

Deutsche Nationalbibliothek tarafından yayınlanan bibliyografik bilgiler: Deutsche Nationalbibliothek, bu yayını Deutsche Nationalbibliografie'de listeler; detaylı bibliyografik bilgi İnternet'te http://dnb.d-nb.de sitesinde mevcuttur.

Coverbild / Kitap kapağı resmi: www.ingimage.com

Verlag / Yayıncı:
Türkiye Alim Kitapları
ist ein Imprint der / yayınevinin bir ticari markasıdır
OmniScriptum GmbH & Co. KG
Heinrich-Böcking-Str. 6-8, 66121 Saarbrücken, Deutschland / Almanya
Email / E-posta: info@turkiye-alim-kitaplary.com

Herstellung: siehe letzte Seite /
Basım yeri: son sayfaya bakın
ISBN: 978-3-639-67389-0

Zugl. / Approved by: Kocaeli,Gebze Yüksek Teknoloji Enstitüsü, Yüksek Lisans Tezi, 2007

İÇİNDEKİLER DİZİNİ

İÇİNDEKİLER DİZİNİ **1**

TABLOLAR DİZİNİ **5**

ŞEKİLLER DİZİNİ **6**

1. GİRİŞ **7**

2. DÜNYADA ENERJİ GÖRÜNÜMÜ **15**

2.1. Dünya Petrol Rezervi 17

2.2. Dünya Doğal Gaz Rezervi 25

2.3. Petrol ve Doğal Gazın Gelecekteki Yeri 27

2.4. Birinci Dünya Savaşında Petrolün Yeri 30

2.4.1. Sykes-Picot Anlaşması 32

2.4.2. San Remo Konferansı 35

2.4.3. Musul Meselesi 38

2.5. İkinci Dünya Savaşında Petrolün Yeri 43

2.6. Körfez Savaşında Petrolün Yeri 45

2.7. Afganistan Harekâtında Petrol ve Doğal Gazın Yeri 47

2.8. İkinci Körfez Savaşında Petrolün Yeri 48

2.9. Petrol Üreten Ülkelerin Dünya Siyasetine Yön Verme Çabaları 50

3. TÜRKİYE'DE ENERJİ GÖRÜNÜMÜ **55**

3.1. Türkiye'de Petrol 57

3.2. Türkiye'de Doğal Gaz 60

3.3. Türkiye'de Kömür 61

3.4. Türkiye'de Bor 62

3.5. Türkiye'de Nükleer Enerji 67

3.6. Türkiye'de Yenilenebilir Enerji Kaynakları 70

3.6.1. Hidroelektrik Enerji 70

3.6.2. Jeotermal Enerji 71
3.6.3. Güneş Enerjisi 72
3.6.4. Rüzgâr Enerjisi 72
3.6.5. Biokütle Enerjisi 73
3.6.6. Hidrojen Enerjisi 74
4. TÜRKİYE'NİN ENERJİ ÜZERİNE POLİTİKASI 77
4.1. Petrol Üzerine Politikası 80
4.1.1. Güneydoğu Anadolu Bölgesinin Önemi 81
4.1.2. TPAO'nun Parçalanması ve TÜPRAŞ'ın Özelleştirilmesi 84
4.1.3. Bakü - Tiflis - Ceyhan Petrol Boru Hattı Projesinin Tarihi Gelişimi 88
4.2. Doğal gaz Üzerine Politikası 94
4.2.1. Mavi Akım Projesinin Tarihi Gelişimi 101
5. HAZAR BÖLGESİ ÜLKELERİ, MEVCUT BORU HATLARI VE PROJELERİ 109
5.1. Azerbaycan 110
5.2. Türkmenistan 114
5.3. Rusya 117
5.4. Çin 119
5.5. Kazakistan 122
5.6. İran 123
5.7. Ermenistan 126
5.8. Bölgede Mevcut Boru Hatları ve Projeleri 127
5.8.1. Kazakistan – Çin Petrol Boru Hattı (Doğu Hattı) 128
5.8.2. Bakü - Novorossisk Erken Üretim Petrol Boru Hattı 130
5.8.3. Bakü - Supsa Erken Üretim Petrol Boru Hattı 131

5.8.4. Hazar Boru Hattı (Caspian Pipeline Conssortium - CPC) 133
5.8.5. Bakü - Tiflis – Ceyhan Ham Petrol Boru Hattı 134
5.8.6. Kerkük - Yumurtalık Ham Petrol Boru Hattı 136
5.8.7. Samsun - Ceyhan Ham Petrol Boru Hattı Projesi 137
5.8.8. Hazar Geçişli Türkmenistan - Türkiye - Avrupa Doğal gaz Boru Hattı Projesi 139
5.8.9. Azerbaycan - Türkiye Doğal gaz Boru Hattı Projesi (Şahdeniz) 141
5.8.10. Türkiye - Yunanistan Doğal Gaz Boru Hattı Projesi 143
5.8.11. Mısır - Türkiye Doğal gaz Boru Hattı Projesi 145
5.8.12. Irak - Türkiye Doğal gaz Boru Hattı Projesi 146
5.8.13. Türkiye - Avusturya Doğal gaz Boru Hattı Projesi (NABUCCO) 148
5.8.14. Rusya Federasyonu Doğal gaz İletim Hattı 150
5.8.15. İran Doğal gaz İletim Hattı 151
6. SONUÇLAR 153
6.1. Öneriler 164
EKLER 173
EK-1 Birimlerin Dönüştürülmesi
EK-2 Dünya Ham Petrol Rezervleri
EK-3 Dünya Ham Petrol Üretimi
EK-4 Dünya Ham Petrol Tüketimi
EK-5 172 Ülkede Dizel ve Benzin Fiyatları
EK-6 Dünya Doğal gaz Rezervleri
EK-7 Dünya Doğal gaz Üretimi
EK-8 Dünya Doğal gaz Tüketimi

EK-9 Türkiye'nin Birincil Enerji Kaynakları Üretimi
EK-10 Türkiye'nin Birincil Enerji Kaynakları Tüketimi
EK-11 Dünyadaki Nükleer Reaktörler ve Durumları
EK-12 Türkiye'nin Mevcut Doğal gaz – Petrol Boru Hatları ve Projeleri
KAYNAKLAR **233**

TABLOLAR DİZİNİ

Tablo.2.1 Dünya Petrol Doğal gaz Rezervleri 16

Tablo.2.2 Dünya Fosil Yakıt Rezervleri Kullanılabilme Süreleri (Yıl) 17

Tablo.2.3 Dünya Petrol Rezervleri (2006) 18

Tablo-2.4 Dünya Petrol Üretimi (2006) 20

Tablo.2.5. Dünya Petrol Tüketimi (2006) 21

Tablo.2.6. Ülkelerde Benzin Fiyatı (2005) 23

Tablo.2.7. Ülkelerde Dizel Fiyatı (2005) 24

Tablo.2.8. 2000-2020 Dünya Enerji Tüketiminde Fosil Kaynakların Payı(%) 28

Tablo.3.1 Enerji Talebinde Türkiye'nin 2010 - 2020 Arası Kaynakların Dağılımı 56

Tablo.3.2. Türkiye'de Enerji Sektörü 56

Tablo.3.3. Türkiye'nin Petrol Üretim ve Tüketimi (1997 - 2005) 58

Tablo.3.4. Türkiye'nin Petrol Rafinerileri ve İşletme Kapasiteleri 59

Tablo.3.5. Doğal gaz Satışlarının Sektörel Dağılımı 60

Tablo.3.6. Dünya Toplam Bor Rezervi 63

Tablo.3.7. Dünya Toplam Bor Üretimi 64

Tablo.3.8. ABD, Türkiye, Avrupa Birliği Ülkeleri ve Japonya'nın Bor Mineralleri ve Rafine Bor Ürünleri Tüketiminin Sektörel Dağılımı 65

Tablo.3.9. Türkiye ve ABD'nin Bor Ürünü İhracatı 66

Tablo.4.1 Doğal Gaz Alım Anlaşmaları 96

Tablo.4.2. Kontrata Bağlanmış Arz Miktarları 97

Tablo.4.3. Yıllar İtibariyle Doğal gaz ve LNG Alım Miktarları 98

ŞEKİLLER DİZİNİ

Şekil.2.1.Dünya Petrol İthalatı 22

Şekil.2.2. Dünya Doğal gaz Rezervi 25

Şekil.2.3. Yıllara ve Bölgelere Göre Dünya Doğal gaz Üretimi 28

Şekil.2.4. Sykes - Picot Anlaşmasına Göre Paylaşılan Bölgeler 32

Şekil.2.5. Irak Petrol Sahaları 49

Şekil.4.1. Bakü-Tiflis-Ceyhan Boru Hattı 90

Şekil 4.2. Mavi Akım Boru Hattı 101

Şekil.5.1. Bakü - Novorossisk Erken Üretim Petrol Boru Hattı 130

Şekil.5.2. Bakü - Süpsa Erken Üretim Petrol Boru Hattı 132

Şekil.5.3. Hazar Boru Hattı 134

Şekil.5.4. Kerkük - Yumurtalık Petrol Boru Hattı 136

Şekil.5.5. Samsun – Ceyhan Boru Hattı 138

Şekil.5.6. Trans Hazar Boru Hattı Projesi 140

Şekil.5.7. Şahdeniz Boru Hattı Projesi 142

Şekil.5.8. Türkiye - Yunanistan Doğal gaz Boru Hattı Projesi 143

Şekil.5.9. Türkiye - Mısır Doğal gaz Boru Hattı Projesi (Arap Gazı Projesi) 146

Şekil.5.10. Nabucco Doğal gaz Boru Hattı Projesi 149

Şekil.6.1. Enerji Terminali Türkiye 162

1.GİRİŞ

Ülkelerin gelişimlerinin en önemli öğesi enerjidir. Özellikle teknolojik gelişim içinde enerji faktörü önemli bir yer tutmaktadır. Gelişmiş ve gelişmekte olan ülkelerin yöneticileri, toplumun ve ekonominin gereksinim duyduğu enerjiyi kesintisiz, güvenilir, temiz ve ucuz yollardan bulmak ve bu kaynakları da mutlaka çeşitlendirmek durumundadırlar. Enerji üretiminde, endüstriyel devrimden bu yana, her dönem belli bir enerji hammaddesi önem kazanmış ve gelişime damgasını vurmuştur. Tarihi gelişimine ve sanayileşme üzerine etkileri dikkate alındığında petrol 20'nci yüzyılın en kıymetli hammaddesi olarak değerlendirilebilir. Çağımızda insanlığın refahı ve medeniyetin gelişmesinde birinci derecede rol oynamıştır. Çünkü enerjinin insan yaşamındaki önemi inkâr edilemeyecek kadar açıktır (Sarıkaya, 2003, s.3).

Petrol ve doğal gazın önemi onun enerji kaynağı olma niteliğinden ve onlardan elde edilen diğer maddelerden kaynaklanmaktadır. Petrol, doğrudan 3000 ve dolaylı yoldan da bir o kadar sanayi ürününün girdisini teşkil etmektedir. Bu nedenle birçok sanayi kolu petrole dayalı olarak gelişmiştir. Dünya nüfusu arttıkça enerji ihtiyacı ve petrole olan gereksinim de artmaya devam edecektir. Yaşadığımız dönem tam bir petrol çağı olarak adlandırılabilir. Fakat petrol kaynaklarının sonsuz olduğunu düşünmek büyük bir yanılgıdır. Bu yüzden alternatif enerji kaynakları bulma zorunluluğu vardır. Enerji kaynaklarının kıtlığı ile büyük ölçüde doğal gaz, petrol ve petrol türevlerine olan ihtiyaç, ulusal ve uluslararası güvenlik ve siyaseti değişik yollarla etkiler duruma gelmiştir (Gül, 2003, s.1-2).

Petrol, dünyanın en kıymetli ve rakipsiz hammaddesi haline geldikten sonra yeryüzünde çıkarılabildiği hatta rezerv olarak bulunduğu her ülke veya bölgede karışıklıklar meydana gelmiş, birçok başat ülkenin çıkarlarının çatıştığı bölgeler halini almıştır. Petrol ve doğal gaz, ekonomik öneminin yanında, devletlerarası politikada da bu kaynakları üreten ve tüketen ülkeler gibi bir ayrıma neden olmuştur.

Savaşlar, genellikle hammadde kaynakları ile bu kaynakların bulunduğu bölgelerde ya da bu bölgeler etrafında cereyan etmiş olan mücadelelerin sonucunda çıkmıştır. Hâlihazırda dünyadaki birçok ülke, enerji kaynaklarına sahip olmak, bu kaynakların ve enerji nakil hatlarının güvenliğini sağlamak için çok ciddi bir mücadelenin içindedir. Özellikle sanayileşmiş ülkeler, teknoloji çağının getirdiği her türlü imkândan da faydalanarak, petrol ve doğal gaz bölgelerini kendilerinin ya da dost ülkelerin elinde veya kontrolünde bulundurmak ve bu suretle dünya ekonomisinde söz sahibi olmak için mücadele etmektedir.

Dünya tarihi, enerji için verilen birçok mücadelenin örnekleri ile doludur. Bu her zaman açık olarak görülmese de, kuvvetli bir şekilde kendini hissettirmektedir. Dünya Savaşlarında tarafların en önemli hedefleri petrol bölgeleri olmuştur. Birinci Dünya Savaşı sonrasında Orta Doğu'da yapay olarak çizilen sınırlar, petrol paylaşımının bir sonucudur. Son dönemde, Körfez Savaşı, ABD'nin Afganistan'a müdahalesi ve İkinci Körfez Krizi açıkça ifade edilmese de petrol için yapılan mücadelenin sürdüğünü ve bu uğurda her türlü yöntemin uygulamaya konabileceğini göstermektedir (Sarıkaya, 2003, s.3).

Petrolün değeri, çıkarıldığı bölgeleri, taşındığı güzergâhları ve taşıma vasıtalarını da doğru orantılı olarak etkilemekte ve önem kazandırmaktadır. Bazı ülkeler petrol bölgelerinde olmanın avantajını kullanırken, bazıları taşıma yollarını ve vasıtalarını kontrol ederek güç elde etmeye çalışmaktadırlar. Bu kapsamda yapılan mücadelenin en şiddetle yaşandığı Ortadoğu bölgesine, son yıllarda Hazar bölgesi ve Orta Asya da eklenmiştir (Gül, 2003, s.1-3).

Ortadoğu, Hazar bölgesi ve Orta Asya'daki mevcut kaynaklar dünyanın enerji ihtiyacının önemli bir kısmını karşılayabilecek düzeydedir. Bölge ile ilgili en önemli sorun, bu kaynakların dünya piyasalarına taşınması ile ilgilidir. Bu safhada Türkiye'nin coğrafi konumu ve sözü geçen ülkelerle olan tarihi ve kültürel bağları, Türkiye için önemli bir fırsat yaratmaktadır. Topraklarında yeterince petrol ve doğal gaz bulunmayan ülkemiz, yakın bölgedeki kaynakların taşınmasında oynayacağı rol ile bu açığını büyük oranda kapatabilecek, hatta önemli bir avantaja çevirebilecektir (Altuntaş, 2003, s.4).

Petrol ve doğal gazın bu kadar değerli olmasının nedeni yerine konamayan bir doğal kaynak olması ve dünya enerji talebinin her yıl artarak devam etmesidir. Hazar bölgesinde üretilen petrol ve doğal gazın taşınması için Sovyet döneminde inşa edilen boru hatları kullanılmaktadır. Yapılan tahminlere göre; 21. yüzyılın başlarında Orta Asya ve Azerbaycan'dan 100 milyon ton petrol ve 100 milyar metreküp doğal gazı ihraç edilebilecektir. İhraç ile ilgili olarak herhangi bir sınırlamanın olmadığı varsayılsa bile, bu miktarın mevcut petrol ve doğal gaz hatları ile taşınamayacağı açıktır. İlave petrol ve doğal gaz boru hatları projeleri geliştirilmesi gerekmektedir. Bu konuda çok sayıda proje mevcut olup,

Türkiye'nin geliştirdiği Bakü-Tiflis-Ceyhan Projesi rakip ülkeler ve petrol şirketleri ile yapılan uzun mücadelenin sonunda kabul görmüş ve faaliyete geçmiştir (Sarıkaya, 2003, s.4).

BTC hattına en büyük muhalefet Rusya Federasyonu'ndan gelmiştir. Orta Asya ve Hazar ülkeleri üzerindeki etkisini ve doğal kaynakların kontrolünü kaybetmek istemeyen Rusya Federasyonu, petrol ve doğal gazın boru hatları ile Karadeniz limanlarına getirilmesini ve Türk Boğazları ya da boğazları By-Pass ederek Yunanistan yolu ile taşınmasını savunmuştur. Erken üretim petrolü için uygun görülen bu çözüm, asıl üretim için de kullanılmak istenmişse de, Türk Boğazları'nın ve İstanbul şehrinin güvenliği, kapasitenin yetersizliği ön plana çıkarılarak, başta ABD olmak üzere bazı ülkelerin Rusya Federasyonu'na karşı tutumlarından da faydalanılarak devre dışı bırakılmıştır (Gül, 2003, s.1.4).

Azerbaycan, Türkmenistan ve Kazakistan'ın konu ile ilgili genel politikası, Rusya Federasyonundan geçen hatlara alternatif oluşturacak çoklu hatlarla petrol ve doğal gazın bir an önce dünya pazarlarına taşınarak ekonomik değere dönüştürülmesi şeklinde benzerlik göstermektedir. Bu alternatifler arasında İran, Afganistan, Pakistan ve Çin üzerinden geçmesi önerilen hatlar mevcuttur. İran'ın bölge ülkeleri üzerindeki etkisi ve Rusya Federasyonu ile ortak yaklaşımları dikkat çekmektedir. Bu iki ülkenin göz ardı edilemeyecek politik aktörler olduğu görülmektedir.

Türkiye, Kafkasya ve Orta Asya petrollerinin bir kısmının mevcut sistemler üzerinden Türk Boğazları yolu ile bir kısmının da Doğu Anadolu Bölgesi üzerinden boru hattı ile Akdeniz'e taşınmasını istemektedir. Türkiye, Hazar petrolünün taşınmasında petrolün tamamını üzerine çekme iddiasında olmadığını, birden fazla güzergâhı içeren alternatifli taşımanın en emin yol olacağını her fırsatta beyan etmektedir. Türkiye'nin bölgedeki enerji stratejisi dışlayıcı değil, iş birliğine dayalı bir politikaya dayanmaktadır (Döngör, 2003, s.3).

Rusya ile imzalanan Mavi Akım Doğal gaz anlaşması, Türkiye'yi Rusya'ya enerji bakımından bağımlı hale getirmesi nedeniyle ülkemiz kamuoyunda çok tartışılan bir anlaşma olmuştur. Anlaşma ile Türkiye, doğal gaz ihtiyacının büyük bir bölümünü Rusya'dan karşılama yükümlülüğü altına girerek bu ülkeyi tekel konumuna getirmektedir. Projenin savunucuları, anlaşmanın mali açıdan gayet uygun koşulları içerdiğini ve Türkiye'nin 2000'li yıllardaki enerji ihtiyacının istikrarlı bir şekilde karşılanmasına katkıda bulunacağını ileri sürmektedirler. Fakat, Türkiye'nin Rusya'ya enerji bakımından bağımlı hale gelmesi, ülkemiz için çok ciddi güvenlik sorunları yaratabilecek, siyasi ve ekonomik alanlardaki hareket serbestliğimizin kısıtlanmasına yol açabilecek bir stratejik hata oluşturabileceği bu kitapta savunulmaktadır. Rusya'nın eline Türkiye'ye görüşlerini dayatmada veya politik şantaj yapmada kullanabileceği kozlar verilmemesinin gerektiğini düşünenler Mavi Akım'a karşı çıkmışlardır (Doğan, 2002, s.2).

Hazar geçişli Türkmen doğal gaz projesi ile Azerbaycan geçişli Şahdeniz projesinin gerçekleşmesi "Türk hinterlandının" yaratılması için yaşamsal öneme sahip projelerdir. Bu bağlamda yapılan analizler, istikrarlı ve güçlü bir Türkiye'nin bu stratejisinin başarısına yardımcı olacağını ortaya koymaktadır. Türkiye'nin, Balkanlar, Orta Asya, Kafkaslar, Ortadoğu ve Anadolu'nun sahip olduğu merkezi konumla bütün bu bölgeler arasındaki stratejik bağı oluşturduğu; benimsediği değerler ve gücü nedeniyle de bu bölgelerin barış, istikrar ve güvenliğine katkıda bulunabileceği düşünülmektedir. Bu proje kapsamında Türkiye'nin enerji politikası bir bütün olarak incelenmekte doğal gaz politikaları Mavi Akım ile beraber değerlendirilmektedir.

Bulunduğu coğrafya itibariyle hem kendi hem de önde gelen büyük ekonomiler açısından enerji naklinde önemli roller üstlenebileceği değerlendirilen Türkiye'nin enerjiye ilişkin stratejik konumda olduğu değerlendirilebilir. Ülkelerin gelişimlerinin sürükleyici unsuru, enerjidir. Bu nedenle de ülke yönetimlerini üstlenenler, toplumun ve ekonominin gereksinim duyduğu enerjiyi kesintisiz, güvenilir, temiz ve ucuz yollardan bulmak ve bu kaynakları da mutlaka çeşitlendirmek durumundadırlar. Türkiye'nin gereksinim duyduğu enerjinin kesintisiz, güvenilir, temiz ve ucuz yollardan bulunması ve bu kaynakların da mutlaka çeşitlendirmesi gereklidir. Enerjide dışa bağımlı Türkiye'nin kaynak çeşitliliğini arttırması gerekmektedir (Oral, 2005, s.2).

Dünyadaki gelişmeler, uluslararası ilişkiler, ABD gibi bir süper gücün, Çin gibi yükselen bir gücün, Japonya gibi ekonomik gücü yüksek ancak petrol ve doğal gaza çok bağımlı bir ülkenin, Rusya ve İran gibi bölgesel güçlerin, İngiltere gibi (tarihten gelen petrol ve doğal gaz politikalarının baş mimarı) bir ülkenin, İtalya, Fransa ve Almanya gibi hem ekonomisi hem de bireysel dış politikası belirleyici rol oynayan ülkelerin, petrol ve doğal gaz ihracatı yoluyla zenginliklerini devam ettiren özellikle Ortadoğu ülkelerinin, kitle imha silahları ile nükleer silah teknolojisine sahip Hindistan ve Pakistan gibi ülkelerin, birbirleriyle olan çatışma veya işbirliği alanları ve dış politika öncelikleri değerlendirilmelidir (Sarıkaya, 2003, s.5).

Sonuç olarak; yeterli petrol ve doğal gaz kaynaklarına sahip olmayan Türkiye'nin, Orta Asya ve Hazar bölgesi doğal kaynaklarının dünya piyasalarına ulaştırılmasında oynayacağı rol ile politik ve ekonomik gücünü artıracağı göz önünde tutularak, gerek Türkiye üzerinden boru hatları, gerekse Türk Boğazları yolu ile petrol ve doğal gazın taşınmasında öncü duruma geçilmesinin, diğer taşıma seçeneklerinin ağırlık kazanmasına fırsat verilmemesinin, bunu yaparken de çevre ülkeler ile ilişkilerin geliştirilmesinin temel bir yaklaşım olması gerektiği görülmektedir. Türkiye'nin stratejik konumu onu petrol/ doğal gaz üreten Ortadoğu ülkeleri ve Hazar bölgesi ile Avrupa'daki tüketici ülkeler arasında doğal enerji koridoruna dönüştürmektedir. Türkiye'nin Akdeniz kıyısındaki Ceyhan Limanı, Irak petrolleri ile Azerbaycan petrolünün hatta ileride Kazak petrolünün de Avrupa'ya açılan kapısını teşkil etmektedir. Buna ek olarak İstanbul ve Çanakkale Boğazları da Karadeniz ile Akdeniz arasında petrol tankerleri için mühim bir geçiş noktası durumundadır. Bunun dışında mevcut ve planlanan doğal gaz ve petrol hatları, başta Balkanlar olmak üzere bütün Avrupa'ya enerji taşıyabilecektir. Türkiye dünyada ispatlanan doğal gaz rezervlerinin yaklaşık %71 ile ispatlanmış petrol rezervlerinin %72'sinin bulunduğu ülkelerin geçiş alanında yer almakta ve her yıl artan dünya enerji talebi ile stratejik önemi giderek artmaktadır (Pamir, 1999, s.3).

Esasen, bu kadar çok alternatif ve çatışan çıkarlar arasında, boru hatlarının hangi güzergâhı izleyeceği sorusunun cevabı ise tarih boyunca Asya ile Avrupa arasında stratejik bir köprü işlevi gören ve İpek Yolu'nun son bulduğu en stratejik nokta olan Türkiye'de düğümlenmektedir. Bu kitap çalışmasının içerisinde, dünyada enerji hammaddesine sahip olan ülkeler ile enerjiye ihtiyaç duyan ülkelerden ve bu ülkeler arasında 2007 yılına kadar yaşanan büyük çatışmalardan ve enerji üzerine dönen oyunlardan bahsedilmiştir. Bu sebeple, petrol ve doğal gazın önemini vurgulamak için, Birinci Dünya Savaşı, İkinci Dünya Savaşı, Birinci ve İkinci Körfez Savaşı, Afganistan Harekâtından; Türkiye'nin enerjide dışa bağımlı olduğu ve alternatif enerji kaynaklarını yeterince kullanmadığından; petrol ve doğal gazın bu kadar önemli olduğu ve ona sahip olmak uğruna savaşlar verildiği dünyamızda, Türkiye'nin yanlış uyguladığı enerji politikalarından bahsedilmiştir. Savunduğum hipotezi desteklemek için BOTAŞ, BP vb. gibi kurumların 2006 yılı sonunda yayınladıkları yıllık raporlardan faydalanılmıştır.

Ayrıca, Doğu - Batı, Kuzey - Güney ekseninde enerji terminali olmanın Türkiye'nin milli bir politikası olduğu, ancak, bu milli politika yerine her hükümet döneminde uygulanan farklı politikalar ve bu politikaların milli çıkarlarımıza verdiği zararlara değinilmiştir. Türkiye coğrafi konumu nedeniyle istemese de enerji terminali olma yolunda ilerleyecektir. Bu sebeple, Hazar-Kafkas-Orta Asya Havzası petrol kaynakları, bunların boru hatları ile dış pazarlara taşınması konusu ve alternatifleri, Türkiye'nin ihtiyaç duyduğu enerjinin temini ve kaynak çeşitliliğinin sağlanması Türkiye açısından değerlendirilmiş, çatışan ulusal çıkarlar ve uluslararası politikalar bu kitapta gözden geçirilerek, Türkiye'nin enerji terminali olması için uygulaması gereken stratejiler belirlenmeye çalışılmıştır. Bu kapsamda sonuç bölümü yanlış olduğunu düşündüğüm enerji politikalarına yönelik olarak öneriler kısmı ile bitirilmiştir.

2.DÜNYADA ENERJİ GÖRÜNÜMÜ

Petrol ve doğal gaz; günümüzde büyük güçlerin siyasi, askeri ve ekonomik ilişkilerini düzenlerken mutlaka göz önünde bulundurdukları ve gerektiğinde uğruna savaşlara girebildikleri stratejik maddelerdir. Büyük devletlerin politikalarını etkileyip yönlendirmek açısından büyük petrol şirketlerinin etkisi ise bugün hemen herkes tarafından çok iyi bilinmektedir. Özellikle "Yedi Kız Kardeş" olarak bilinen British Petroleum, Shell, Mobil, Exxon, Gulf, Texaco ve Chevron, devletlerin politikalarını yönlendirmek ve kendi çıkarlarına uygun kararları aldırtmak için her türlü yola başvurabilmektedirler. Böylece beşi Amerikan, biri İngiliz biri de İngiliz - Hollandalı olan yedi kız kardeş dünya petrol üretiminin yanında dağıtımı ve pazarlamasını da kontrol altında tutmuşlardır (Giritli, 1978, s.111).

Enerji sahibi az gelişmiş ülkelerle, enerjiye ihtiyaç duyan süper güçler arasındaki ilişkileri, yaşanan gelişmeleri, enerji sahibi ülkelerde kurulan ya da kurdurulan rejimleri anlayabilmemiz için dünya rezervlerinin nasıl dağıldığına, enerji akışının nereden nereye olduğuna ve en çok tüketimin hangi ülkeler tarafından yapıldığına bakmamız gerekmektedir.

Tablo 2.1 Dünya Petrol - Doğal gaz Rezervleri

Bölge	**Petrol (Milyar Ton)**	**Doğal gaz (Trilyon m^3)**
Kuzey Amerika	7,8	7,46
Orta ve G.Amerika	14,8	7,02
Avrupa&Avrasya	19,2	64,01
Orta Doğu	101,2	72,13
Afrika	15,2	14,39
Asya ve Pasifik	5,4	14,84
TOPLAM DÜNYA	**163,6**	**179,83**

BP, 2006, s.6

Dünyada mevcut petrol ve doğal gaz rezervleri bölgelere eşit dağılmamıştır. 2006 yılı itibariyle dünya fosil yakıt rezervlerine bakıldığında; petrolün 163,6 milyar ton, doğal gazın 179,83 trilyon metreküp olduğu görülmektedir. Bu rezervlerin bölgelere göre dağılımı Tablo 2.1'de gösterilmiştir (BP, 2006, s.8).

Dünya fosil enerji kaynaklarına baktığımızda, rezervlerin yeterliliği açısından bir sorun yoktur. Bilinen rezervlerin o yılki üretime oranı ile kullanılabilme sürelerine ulaşılır. 2006 yılı itibariyle bilinen rezervler; petrolde 41 yıl, doğal gazda 65 yıl, kömürde 166 yıl yetecek düzeydedir (BP, 2006, s.8). Ancak bu tahminler sadece bilinen rezervler içindir. Bundan otuz sene önce de petrolün 40 yıllık bir ömrü kaldığı hesaplanıyordu (İsmet GİRİTLİ,1978, s.62). Bulunan yeni rezervler ile günümüzde de kullanılabilme süreleri aynıdır. Teknolojinin gelişimiyle yeni rezervlere daha kolay ulaşılacağı düşünülürse rezervlerin yeterliliği hususunda bir problemle karşılaşılmayacağı açıktır. Hatta yeni kaynakların devreye girmesiyle, Orta Asya doğal gazının batıya akışının sağlanmasıyla bolluk artacaktır. Önemli olan bu bolluğun kontrol edilmesidir (Kaynak ve Gürses, 2006, s.19). Rezervlerin bölgelere göre kullanılabilme süreleri Tablo 2.2'de gösterilmiştir (BP, 2006, s.24).

Tablo 2.2 Dünya Fosil Yakıt Rezervleri Kullanılabilme Süreleri (Yıl)

<table>
<tr><th>Bölge</th><th>Petrol</th><th>Doğal Gaz</th><th>Kömür</th></tr>
<tr><td>Kuzey Amerika</td><td>11,9</td><td>9,9</td><td>231</td></tr>
<tr><td>Orta ve G.Amerika</td><td>40,7</td><td>51,8</td><td>269</td></tr>
<tr><td>Avrupa&Avrasya</td><td>22</td><td>60,3</td><td>241</td></tr>
<tr><td>Orta Doğu</td><td>81</td><td>>100</td><td rowspan="2">200</td></tr>
<tr><td>Afrika</td><td>31,8</td><td>88,3</td></tr>
<tr><td>Asya ve Pasifik</td><td>13,8</td><td>41,2</td><td>92</td></tr>
<tr><td>Toplam Dünya</td><td>40,6</td><td>65,1</td><td>166</td></tr>
</table>

BP, 2006, s.8, 22, 32

2.1.Dünya Petrol Rezervi

Dünyada mevcut 143 milyar ton petrol rezervine %22 ile birinci sırada Suudi Arabistan sahip olup bu ülkeyi %11,5 ile İran ve %9,6 ile Irak takip etmektedir. Dünya petrol rezervlerinin bölgelere göre dağılımında ise %61,9 ile en büyük payı Ortadoğu ülkeleri paylaşırken Sovyetler Birliği Ülkeleri %11 ile ikinci sırada yer almaktadır (Bkz.Ek-2). Petrol rezervlerinin ilk yirmi ülkeye göre dağılımı Tablo 2.3' de olduğu gibidir.

Tablo 2.3 Dünya Petrol Rezervleri (2006)

Sıra No	Ülke Adı	milyar varil	milyar ton	Pay
1	Suudi Arabistan	264,2	36,3	22%
2	İran	137,5	18,9	11,5%
3	Irak	115	15,5	9,6%
4	Kuveyt	101,5	14	8,5%
5	BAE	97,8	13,0	8,1%
6	Trinidad & Tobago	79,7	11,5	6,6%
7	Venezuela	79,7	11,5	6,6%
8	Rusya	74,4	10,2	6,2%
9	Libya	39,1	5,1	3,3%
10	Kazakistan	39,6	5,4	3,3%
11	Nijerya	35,9	4,8	3,0%
12	ABD	29,3	3,6	2,4%
13	Kanada	16,5	2,3	1,4%
14	Çin	16	2,2	1,3%
15	Katar	15,2	2,0	1,3%
16	Meksika	13,7	1,9	1,1%
17	Cezayir	12,2	1,5	1,0%
18	Brezilya	11,8	1,6	1,0%
19	Norveç	9,7	1,3	0,8%
20	Azerbaycan	7,0	1,0	0,6%
	Toplam	1195,8	163,6	100%

BP, 2006, s.8

Bu miktarlar kesinleşmiş rezervleri göstermektedir. Teknolojik gelişimler yeni rezerv arayışlarına hız kazandırmıştır. Dünya petrol rezervlerine sahip olması bakımından ikinci sırada yer alan Irak'ta; İran - Irak Savaşı ve Körfez harekâtı süresince rezerv araştırmaları yapılamamış olup, gelecek yıllarda büyük petrol yataklarına ulaşılacağı tahmin edilmektedir. Ayrıca Hazar Denizi tabanında ve Kazakistan'da yapılacak araştırmalar sonucunda da büyük petrol yataklarına ulaşılacağı düşünülmektedir (Yıldırım, 2003, s.11). Böylece Hazar bölgesi ve Ortadoğu'nun stratejik önemi artmaya devam edecektir. Türkiye'nin Akdeniz'deki Ceyhan Limanı, Irak ve Azerbaycan petrolleri ile Kazakistan petrollerinin dışarı açılan kapısı konumunda olmasından ve bölge ülkelere komşu olmasından Türkiye'nin de stratejik önemi artacaktır. (DEVLET, 2006, s.1)

Dünyadaki petrol üretimine baktığımızda üretimini bir önceki yıla göre %4,3 arttırarak %13,5'lik payla Suudi Arabistan yine birinci sırada yer almakta ve bu ülkeyi %12,1'lik payla Rusya, %8'lik üretimle ABD takip etmektedir. Petrol üretiminin ilk on ülkeye göre dağılımı Tablo.2,4'te olduğu gibidir (BP, 2006, s.10). Dünya petrol üretiminde bir önceki senenin üretimine göre en büyük artış eski Sovyet ülkelerinde gerçekleşirken, en büyük düşüş ülke olarak Irak'ın üretiminde görülmüştür. Bölge olarak baktığımızda tüm dünyada artış olduğunu görmekteyiz (Bkz.Ek-3).

Tablo 2.4 Dünya Petrol Üretimi (2006)

Sıra No	Ülke Adı	bin varil/gün	Bir Önceki Yıla Artış	Pay %
1	**Suudi Arabistan**	11.035	4,3	13,5
2	**Rusya**	**9551**	2,7%	12,1
3	**ABD**	**6830**	-5,5%	8,0
4	**İran**	**4049**	-0,8%	5,1
5	**Meksika**	**3759**	-1,6%	4,8
6	**Çin**	**3627**	4,2%	4,6
7	**Venezuela**	**3007**	1,1%	4,0
8	**Kanada**	**3047**	-1,3%	3,7
9	**Kuveyt**	**2643**	6,5%	3,3
10	**BAE**	**2751**	3,7%	3,3
	Toplam	**50.299**	---	**62,4**
	Genel	**81.088**	---	**100,0**

BP, 2006, s.10

2005 dünya petrol tüketiminde 2004 yılına oranla %1,2'lik bir artış yaşanarak günlük tüketim 83,27 milyon varile ulaşmıştır. Bu tüketimin 29,86 milyon varillik kısmı OPEC ülkeleri tarafından karşılanmıştır (OPEC, 2005). Dünya petrol tüketiminde ilk 24 sırada yer alan ülkeler Tablo 2.5'te sunulmuştur.

Tablo 2.5 Dünya Petrol Tüketimi (2006)

Sıra No	Ülke Adı	bin varil/gün	milyon ton	Pay %
1	ABD	20655	944,6	24,6
2	Çin	6988	327,3	8,5
3	Japonya	5360	244,2	6,4
4	Rusya	2753	130,0	3,4
5	Almanya	2586	121,5	3,2
6	Hindistan	2485	115,7	3,0
7	G. Kore	2308	105,5	2,7
8	Kanada	2241	100,1	2,6
9	Fransa	1961	93,1	2,4
10	Meksika	1978	87,8	2,3
11	Suudi Arabistan	1891	87,2	2,3
12	İtalya	1809	86,3	2,2
13	Brezilya	1819	83,6	2,2
14	İngiltere	1790	82,9	2,2
15	İspanya	1618	78,8	2,1
16	İran	1659	78,4	2,0
17	Endonezya	1168	55,3	1,4
18	Hollanda	1071	49,6	1,3
19	Tayland	946	45,6	1,2
20	Singapur	886	42,2	1,1
21	Tayvan	884	41,6	1,1
22	Avustralya	884	39,7	1,0
23	Belçika	809	39,5	1,0
24	*Türkiye*	650	30,0	0,8
	Toplam	**67199**	**3110,5**	**81**
	Genel Toplam	**82.459**	**3836,8**	**100,0**

BP, 2006, s.13

Dünya tüketiminin %24,6'sını ABD tek başına yaparken, AB ülkeleri yaklaşık %20'sini gerçekleştirmiştir (Bkz. EK-4). Doğal olarak enerji akışı üreticiden tüketiciye doğru olacaktır. Burada önemli olan husus vanayı kimin kontrol ettiğidir. Bu açıdan değerlendirirsek sahip olduğu rezervlerle dünyada üçüncü sırada yer alan Irak'ın, petrol tüketiminde birinci sırada olan ABD tarafından işgalinin bu ülkeye demokrasi getirmek yerine kendi enerji açığını karşılamak ve petrol pazarını elinde tutmak için olduğunu söyleyebiliriz. Ayrıca petrol tüketiminin %14,9'unu Çin ve Japonya gerçekleştirmiştir. Bu ülkelerin tüketimleri her geçen yıl artmaya devam etmekte ve yükselen ekonomileriyle ABD'ye rakip olmaktadırlar. Artan talebi karşılamak için geçiş güzergâhı olarak kullanılabilecek ülkelerin başında Afganistan gelmektedir. Afganistan işgalinin gerçekten uluslararası terörle mücadele için mi yoksa ABD'nin en büyük rakiplerine akacak olan enerjinin vanasını kontrol etmek için mi yapıldığını da bir kez daha düşünebiliriz. Petrol ticaretinde hangi ülkelerin ithalat yaptığına bakarsak mevcut durum daha iyi anlaşılabilir. Petrol ithalatının ülkelere göre dağılımı Şekil 2.1'de sunulmuştur.

Şekil 2.1 Dünya Petrol İthalatı

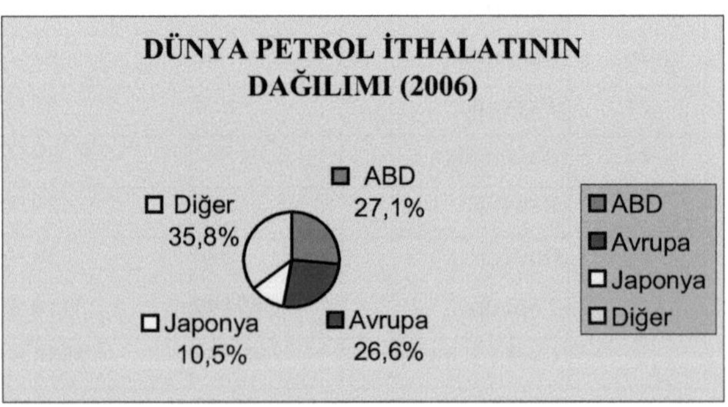

Yıldırım, 2003, s.32

2006 yılında petrol ithalatının %27,1'i ABD, %26,6'sı Avrupa, %10,5'i Japonya ve %4,4'ü Çin tarafından yapılmıştır. Dünyadaki benzin ve dizel fiyatlarına baktığımızda ise Türkiye'nin ilk sıralarda yer aldığını görmekteyiz. Tablo 2.6.'da benzin fiyatlarındaki ilk 15 ülke ve Tablo 2.7.'de dizel fiyatlarındaki ilk 20 ülke gösterilmiştir.

Tablo 2.6 Ülkelerde Benzin Fiyatı (2005)

S.No	**Ülke Adı**	**Litre Başına Birim Fiyatı (U.S. Cent)**
1	İzlanda	164
2	Hollanda	162
3	Norveç	161
4	İngiltere	156
5	Finlandiya	154
6	Hong-Kong	154
7	İtalya	153
8	İsveç	151
9	Danimarka	151
10	Belçika	150
11	Almanya	146
12	**Türkiye**	**144**
13	Fransa	142
14	Cape Verde	140
15	Portekiz	138

Metschies, 2005, s.65

Tablo 2.7 Ülkelerde Dizel Fiyatı (2005)

S.No	Ülke Adı	Litre Başına Birim Fiyatı (U.S.Cent)
1	İngiltere	160
2	Norveç	144
3	Lihtenştayn	137
4	İsviçre	137
5	İsveç	137
6	Danimarka	135
7	İtalya	131
8	İrlanda	129
9	Almanya	129
10	Fransa	125
11	Hollanda	123
12	Yunanistan	123
13	Macaristan	123
14	Finlandiya	121
15	Slovakya	119
16	Avusturya	119
17	Orta Afrika C.	114
18	Hırvatistan	113
19	**Türkiye**	**112**
20	Slovenya	111

Metschies, 2005, s.64

Görüldüğü gibi Türkiye 172 ülke arasında benzini en pahalıya satan 12. ülkedir. Dizel fiyatlarında ise 172 ülke arasında 19. sıradadır. En ucuz ülke benzin fiyatında 2 sent ile Türkmenistan, dizel fiyatında 1 sent ile Türkmenistan ile birlikte Irak'tır (Bkz.EK-5). Petrol ihtiyacının büyük bir bölümünü ihracat ile dışarıdan karşılayan Çin ve ABD'deki fiyatlar Türkiye'deki fiyatların yarısından bile daha aşağıdadır. Türkiye'de fiyatların bu kadar fazla olmasının başlıca sebebi uygulanan vergidir. Dünyadaki başlıca 90 ülke arasında %33'lük vergi ile Güney Kore birinci sıradayken, %18'lik vergi ile Türkiye 9. sıradadır (Metschies, 2005, s.79).

2.2.Dünya Doğal Gaz Rezervi

2006 yılı itibariyle ispatlanmış doğal gaz rezervleri 179,85 trilyon metreküp olup rezervlerinin bölgelere göre dağılımı Şekil 2.2'de sunulmuştur. Ortadoğu 72,13 trilyon metreküp ile birinci sırada yer alırken Avrupa ve Avrasya 64,01 trilyon metreküp ile ikinci sıradadır (BP, 2006, s.25).

Şekil 2.2 Dünya Doğal Gaz Rezervi

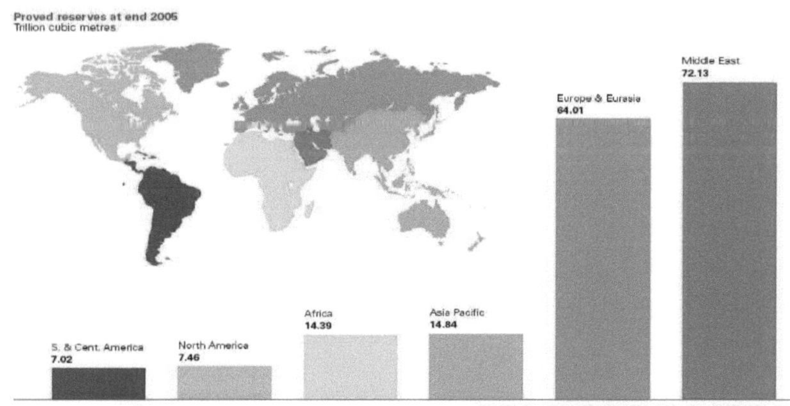

BP,2006, s.25

Şekil 2.2'den de anlaşılacağı gibi Ortadoğu ülkeleri toplam doğal gaz rezervinin %40'ına sahipken, Rusya, mevcut 48 trilyon metreküplük rezerviyle tüm rezervin %26,6'sına tek başına sahiptir (Bkz. Ek-6).

Dünya doğal gaz rezervleri son yirmi yılda %100 oranında artış göstermiş olup, bu artış en çok eski Sovyet cumhuriyetlerinde ve Ortadoğu'da gerçekleşmiştir (DTM, 2000). Ayrıca Hazar Denizi'nin 6 ayrı hidrokarbon havzasına sahip olduğu ve bölgenin büyük kısmında henüz araştırma dahi yapılmadığı düşünülürse önümüzdeki yıllarda da doğal gaz rezervlerinde artış ile karşılaşabiliriz (Pamir, Türkiye'nin çevre..., 2006). Rezervlerin her yıl artmasıyla ve doğal gazın kullanımının yaygınlaşmasıyla dünyadaki doğal gaz üretimi de artmaktadır. Şekil 2.3'te, 2006 yılına kadar olan, bölgelere göre dünya doğal gaz üretimini ve artışını görmekteyiz.

Şekil 2.3. Yıllara ve Bölgelere Göre Dünya Doğal gaz Üretimi

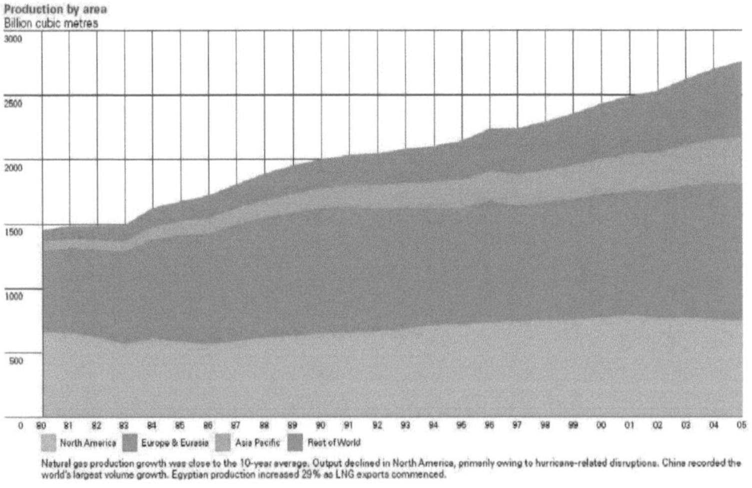
Production by area
Billion cubic metres
3000
2500
2000
1500
1000
500
0
80 81 82 83 84 85 86 87 88 89 90 91 92 93 94 95 96 97 98 99 00 01 02 03 04 05
North America
Europe & Eurasia
Asia Pacific
Rest of World
Natural gas production growth was close to the 10-year average. Output declined in North America, primarily owing to hurricane-related disruptions. China recorded the world's largest volume growth. Egyptian production increased 29% as LNG exports commenced.

BP, 2006, s.28

2005 yılında doğal gaz üretimi 2.763 milyar metreküp olarak gerçekleşmiş olup, 2004 yılı üretimine göre %2,5'lik bir artış sağlanmıştır. Kuzey Amerika'nın üretiminde gerçekleşen %1'lik azalma haricinde tüm bölgelerde artış sağlanmış olup, en büyük artış %13,3 ile Afrika'da yaşanmıştır.

2006 yılı itibariyle 598 milyar metreküplük üretim ile toplam üretimin %21,6'sını yakalayan Rusya Federasyonu birinci sırada yer alırken, ABD %19'luk pay ve 525,7 milyar metreküplük üretimle ikinci sırada yer almıştır. Dünyada %14,9'luk rezervle ikinci sırada yer alan İran üretimini artırmasına rağmen toplam üretim içerisinde sadece %3,1'lik bir paya sahiptir.

Ülke bazında üretimdeki en büyük düşüş Hollanda'da %8,4, İngiltere'de %8,1 ve İtalya'da %7,3 ile Avrupa ülkelerinde; en büyük artış ise %79,5 ile Libya'da, %29,4 ile Mısır'da ve %23,2 ile Bolivya'da yaşanmıştır (Bkz.EK-7).

2006 itibariyle tüketime baktığımızda %23'lük pay ve 633,5 milyar metreküp ile ABD yine birinci sırada yer alırken, %14,7'lik pay ve 405,1 milyar metreküp ile Rusya ikinci sırada yer almaktadır. Bir önceki yıla göre tüketimini en çok arttıran ikinci ülke %24,1 ile Türkiye olup 27,4 milyar metreküplük bir tüketim gerçekleşmiştir. (Bkz.Ek-8)

2.3 Petrol ve Doğal Gazın Gelecekteki Yeri

Dünya ekonomisinde küreselleşmenin bir sonucu olarak, enerji arama, üretim ve kaynak geliştirme çalışmaları üzerinde uluslararası yatırım ve teknoloji transferi ile enerji ticaretinde büyüme görülmektedir. 2025 yılına kadar olan dönemde petrol ve doğal gaz talebinde artışın sürmesi, dünya enerji talebinin esasının fosil yakıtlardan sağlanması beklenmektedir. Tablo 2.8'de 2000 - 2020 dünya enerji tüketiminde fosil kaynakların yeri gösterilmektedir.

Tablo 2.8. 2000-2020 Dünya Enerji Tüketiminde Fosil Kaynakların Payı %

	2000	**2010**	**2020**
Petrol	38,9	38,1	37,9
Doğal gaz	21,7	25,5	28,5
Kömür	26,1	23,1	22,1
Toplam	86,7	86,7	88,5

ÇAYLI,2002, s.10

21'nci yüzyıla girerken dünya, yılda 8.8 milyar ton petrol eş değeri enerji tüketmiştir (BP, 2001, s.37). Bu tüketimin yaklaşık % 40'ı petrolden, % 25'i kömürden, % 20'si doğal gazdan, % 7.6'sı nükleerden ve % 2.6'sı da hidroelektrikten elde edilmiştir. Bu tabloya baktığımızda yenilenebilir enerji kaynakları üzerindeki çalışmalara rağmen fosil yakıtlar yaklaşık %85'lik bir pay ile dünyanın enerji tüketiminde birinci sıradadır. Bu yakıtlar içinde de en büyük pay hâlihazırda petrole aittir. Nükleer enerjide önümüzdeki yıllarda bir artış beklense de fosil yakıtların önüne geçemeyecek gözükmektedir. Bu sebeple önümüzdeki yıllarda fosil yakıtlara olan talep artarak devam edecek, dünya enerji kullanımına oranı da %90 seviyelerine yaklaşacaktır. Çevreye verdiği zarardan dolayı kömüre olan ilgi azalırken, kullanım kolaylığı ve çevreye verdiği zararın az olması sebebiyle doğal gaza olan talep ile kara, hava, deniz taşımacılığında petrol kullanılması sebebiyle petrole olan talep artacaktır (TÜBİTAK, 2002, s.3).

Bu talebin karşılanacağı bölge rezerv açısından şanslı olan Ortadoğu gözükse de Kafkasya ve Hazar bölgesi de ön plana çıkmaktadır. Bu bölgeyi ön plana çıkaran iki olaydan biri Sovyetlerin dağılmasıdır ki böylece bu kaynaklar üzerinde Sovyetler Birliği'nin tekeli kalkmıştır. Diğeri ise 11 Eylül saldırılarıdır ki böylece Ortadoğu'ya olan güven azalmıştır. Hazar bölgesinin şu anki mevcut rezervleri Ortadoğu ile kıyaslanabilecek boyutta olmasa da, kaynak çeşitliliğinin sağlanması ve enerji kaynaklarına güvenli ulaşım açısından Ortadoğu'dan daha avantajlıdır (Pamir, Türkiye'nin çevre..., 2006, s.2). Brezinski bölgenin önemini şu sözlerle belirtmiştir:

"Altın dahil önemli madenlere ek olarak bölgede büyük miktarda doğal gaz ve petrol rezervleri yoğun bir biçimde yer alır. Dünyanın enerji tüketiminin gelecek yirmi ya da otuz yılda büyük ölçüde artması beklenmektedir. ABD Enerji Bakanlığı tahminlerine göre dünya çapında talep 1993 ile 2015 arasında yüzde 50'den fazla artacaktır. Tüketimdeki en önemli artış ise Uzak Doğu'da gerçekleşecektir. Asya'nın ekonomik gelişim hızı şimdiden yeni enerji kaynaklarının araştırılması ve kullanımı için yoğun baskılar oluşturmaktadır ve Orta Asya bölgesiyle Hazar Denizi havzasının Kuveyt, Meksika Körfezi ve Kuzey Denizi'ndekileri açık farkla geride bırakacak nitelikte doğal gaz ve petrol rezervlerine sahip olduğu bilinmektedir. Bu kaynağa erişme ve onun potansiyel zenginliğini paylaşma, ulusal özlemleri alt üst eden, ortak çıkarları yönlendiren, tarihsel iddiaları yenileyen, yayılmacı özlemleri yeniden canlandıran ve uluslararası rekabeti kızıştıran hedefleri temsil etmektedir." (Brezinski, 2005, s.127)

Dünyada yaşanan sıcak ve soğuk çatışmaların hatta savaşların temelinde, enerji kaynaklarına sahip olma, taşıma yollarını ve enerji ticaretini kontrol etme çabaları yatmaktadır. Tüm bu gelişmelere paralel olarak da, küreselleşme adı altında maskelenmiş, dev enerji şirketlerinin ve uluslararası büyük sermayenin; uluslararası enerji ticaretini kendi çıkarları doğrultusunda ve en az riskle gerçekleştirebilme ve bu çerçevede yapacakları yatırımları en kısa ve güvenli yoldan geri alma ve en fazla kâr edebilme çabalarının ürünü olan, çeşitli "teşvik" yasalarının ve yapısal düzenlemelerin, tüm dünya ülkelerine empoze edilmeye çalışıldığı bir süreç yaşanmaktadır. Özellikle petrol dünyanın en kudretli ve rakipsiz hammaddesi haline geldikten sonra, yeryüzüne çıkarılabildiği her yerde bu yapısal düzenlemeleri yapacak yönetimleri başa getirebilmek için ihtilaller, hükümet darbeleri bir birini kovalamış ve petrole sahip memleketlerin halkları hiçbir zaman rahat bir nefes alamamıştır (Karadağ, 2005, s.9). Tüm savaşlarda, ülkeler arası mücadelelerde açıkça görünen veya söylenmeyen sebeplerden birisi olmuştur. 1936 yılında İngiliz devlet adamı Churchill İngiliz Avam Kamarası'nda petrolün önemini şu sözlerle dile getirmiştir:

"Bir damla petrol bir damla kandan daha kıymetlidir." (Karadağ, 2005, s.15)

2.4. Birinci Dünya Savaşı'nda Petrolün Yeri

Birinci Dünya Savaşı'nın İngiltere'ye olan en önemli etkisi savaş boyunca verdiği mücadeleyi ABD'den elde ettiği petrolle sürdürmesi olmuştur. Böylece yabancı petrole bağımlı olarak savaşmış, lojistik açıdan sorunlar yaşamıştır. Bu konuda yaşanan sorunlar İngiltere'nin petrole ilişkin politikalarını savaş boyunca ve savaş sonrasında değişik açılardan şekillendirmiştir (Uluğbay, 1995, s.133). O zamanın şartları içinde İngiltere İmparatorluğu sınırları dâhilinde petrol çıkarılması olası görülmediğinden petrolün, varlığının bilindiği Ortadoğu'dan sağlanması konusu büyük önem ve aciliyet kazanmıştı. İngiltere Savaş Kabinesi'nin olağanüstü yetkili bakanı Sir Hankey, Dışişleri Bakanı Balfour'a yazdığı mektupta görüşünü şu sözlerle dile getirmiştir:

"İleride oluşacak bir savaşta petrol, bugünkü savaşta kömürün bulunduğu yerde olacaktır. Büyük potansiyelde petrol alabileceğimiz kontrolümüz altındaki yerler İran ve Mezopotamya'dır. Bu nedenle petrol kaynağı olan bu iki yer üzerindeki kontrolümüz İngiltere'nin savaştan beklediği birinci sınıf hedef olmalıdır (Yergın, 1995, s.214)."

İngiltere savaş sonrası Osmanlı topraklarından talep edeceklerini belirlemek üzere Asya Türkiyesi Komitesini kurmuştur. Komitenin hazırladığı raporda Musul ile ilgili şu kısımlar yer almaktadır: "Ticari açıdan bakıldığında zengin petrol yataklarının bulunduğu Musul ve çevresinin İngiltere'nin denetiminde olması gerekir, bu bölgeyi bir başka devletin kontrol etmesi İngiliz çıkarlarına aykırıdır." Bu ifadeden de anlaşılacağı gibi ileride Osmanlı toprakları paylaşılırken petrolün ayrı ve önemli bir yeri olacaktır (Uluğbay, 1995, s.135).

1914 yılında Osmanlı Almanya'nın müttefiki olarak savaşa girmesinden hemen sonra İngiltere'nin kontrolünde olan İran'ın Abadan rafinerisini tehdit etmeye başlamıştı. İngiliz askerleri bu tehlikeyi ortadan kaldırıp sonrasında Basra'yı ele geçirme girişiminde bulundular. İngilizler kendi korumaları altına aldıkları sahaları giderek daha da yaygınlaştırıp kuzeybatıya mümkünse Bağdat'a kadar uzanmak istemişlerdi. En önde gelen düşüncelerden biri petrol yataklarını ele geçirmek ve Almanya'nın İran üzerindeki yıkıcı gücüne karşı koymak olmuştu (Yergin, 1995, s.195).

2.4.1. Sykes-Picot Anlaşması

9 Mayıs 1916 tarihinde İngiltere ve Fransa arasında yapılan ve Osmanlı Devleti'nin Ortadoğu topraklarının paylaşılmasını öngören gizli antlaşmadır. 1915'te Arabistan Yarımadası'nı ele geçiren İngiltere, Osmanlı Devleti'ne karşı ayaklanan Mekke Şerifi Hüseyin'i destekleyerek Irak ve Filistin toprakları üzerinde kendisine bağımlı bir Arap devleti kuracaktı. Mekke Şerifi Hüseyin ile Mısır'daki İngiliz Yüksek Komutanı McMahon arasında böyle bir antlaşma gizli olarak imzalanmıştır. Fransa böyle bir plana karşı çıkıp İngiltere'ye baskı yaparak yeni bir antlaşma yapılmasını istemiştir

Şekil.2.4. Sykes-Picot Anlaşmasına Göre Paylaşılan Bölgeler

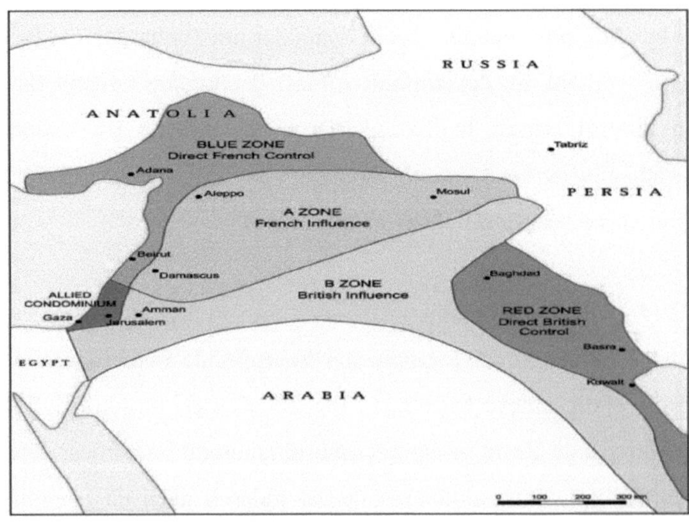

http://tr.wikipedia.org/wiki/Sykes-Picot_Antla%C5%9Fmas%C4%B1

Rusya'nın onayı ile imzalanan bu antlaşmaya göre;

1. Rusya'ya, Trabzon, Erzurum, Van ve Bitlis ile Güneydoğu Anadolu'nun bir kısmı,
2. Fransa'ya, Doğu Akdeniz bölgesi, Adana, Antep, Urfa, Diyarbakır, Musul ile Suriye kıyıları,
3. İngiltere'ye Hayfa ve Akka limanları, Bağdat ile Güney Mezopotamya verilecektir.
4. Fransa ile İngiltere'nin elde ettiği topraklarda Arap devletleri konfederasyonu veya Fransız ve İngiliz denetiminde tek bir Arap devleti kurulacak,
5. İskenderun serbest liman olacak,
6. Filistin'de, kutsal yerleşim yeri olması nedeniyle bir uluslararası yönetim kurulacaktır.

1917 devriminden sonra Rusya antlaşmadan vazgeçmiş, Lenin gizli olan bu anlaşmayı dünya kamuoyuna açıklamıştır. 1916 yılında yapılan Sykes-Picot Anlaşması Ortadoğu'nun paylaşımında petrolün rolünü sergilemektedir (Yavuz, 2005, s.14). Görüşmelerin bir aşamasında Picot, Musul'un Fransız kontrol alanına bırakılmasını ileri sürerken, İngiliz Savunma Bakanlığı kendi nüfuz bölgeleri ile Rusya arasında Fransa'nın kontrolünde bir tampon bölgeyi uygun görmüş, Donanma Bakanlığı Musul ve çevresinin zengin petrol varlıkları nedeni ile İngiliz bölgesinde kalması gerektiğini savunmuştur. Müzakereler sonunda petrol sızıntıları ile ünlü Bağdat, Basra, Kerbela, Necef ve Kuveyt doğrudan İngiliz yönetimine verilmiştir. 87 yıl sonra Şiilerin yaşadığı bu bölgeye Bağdat hariç yeniden İngilizler yerleşecektir (Erdoğan, 2006, s.115).

Rusya'nın savaştan çekilmesinden sonra, Mayıs 1918'e gelindiğinde Osmanlı ordusu Batum ve Kars dâhil topraklarını geri almıştı. Bu dönemde Azerbaycan Milli Şura Reisi Mehmet Emin Resülzade'nin yardım talebini kabul eden Türk hükümeti, askerlerini göndererek 15 Eylül 1918'de Bakü'yü Kızıl Ordunun elinden kurtarmıştır (Saray, 1999, s.24). Osmanlı orduları bu harekâtı sürdürürken Almanya da Bakü petrollerine daha önce ulaşmak için Ukrayna güneyini işgal etmiş, ilerlemesini sürdürerek Sivastopol ve Rostov'u ele geçirmiştir. Bu sırada Filistin cephesinde Osmanlı ordusunda görev yapmış Alman Albay Kress von Kressenstein Tiflis şehrine gelmiş ve Gürcüleri Osmanlı Devletine karşı teşkilatlandırmaya başlamıştır. Bölgedeki yerleşik Almanlardan, savaş sırasında esir düşerek bölgeye getirilmiş Alman askerlerinden ve Gürcülerden bir ordu oluşturmaya başlamış ve Osmanlı ordusunun Bakü'ye ilerlemesini önlemeyi hedeflemiştir. Osmanlı ordusunun bu birlikleri kısa sürede mağlup edip dağıtması üzerine Alman Genel Karargâhı bütün Alman birlik ve komutanlarının Osmanlı ordusundaki görevlerinden geri çekileceği tehdidinde bulunmuştur. O sırada Şark Orduları Grup Komutanı Halil Paşa'nın Enver Paşa'ya Gümrü'den gönderdiği şifreli mesajda:

"Bugün Bakü'deki mahzenlerde toplanmış olan petrol ve mazotun, bugünkü fiyatlara göre kıymeti yüzlerce milyon lirayı bulmaktadır. Tanrının bir lütfu olarak elde ettiğimiz bu kaynak, bütün mali sıkıntılarımızı karşılayacak mahiyettedir. Ancak Tiflis Murahhasımız Abdülkerim Paşa'dan aldığım bir telgrafta, dost ve komşu hükümetlerin bu hazine üzerinde eşit hak iddiasında bulunduklarını, hatta bu arada Azerbaycan'ı hiç hesaba katmadıkları anlaşılmaktadır. Bütün bu işlerin, Almanlar çevrilmekte olan fırıldaklardan başka bir şey olmadığını dikkatinize arz ederim. Eski Osmanlı sınırları dışında, en küçük menfaatimizi haset gözleriyle görmekte olan Almanların, bu son günlerde gerek İran'da gerek Kafkasya'da bize karşı almakta oldukları tavır, bir müttefikin dostuna karşı alması icabeden tavırdan başka her şeye benzemektedir." denmektedir (Aydemir, 2000, s.425).

Bu mesaj enerji kaynakları üzerinde stratejik ortaklığın olamayacağının sadece ülkelerin kendi şahsi çıkarlarının olduğunun açık bir göstergesidir. Kafkasya'daki bu gelişmeleri yakından izleyen İngiltere, Bakü petrollerinin Osmanlı veya Alman denetimine geçmemesi için Ocak 1918'de Bağdat'tan Bakü'ye İran üzerinden bir birlik göndermiştir. Görüldüğü gibi petrol sadece Mezopotamya yönünde değil, Kafkasya'da da İngiltere ile Osmanlı Devleti'ni karşı karşıya getirmiştir. İşin ilginç yönü, Osmanlı Devleti'ni savaşa sokan Almanya dahi petrol için Bakü yolundaki Osmanlı ordusunu arkadan vurmaya devam etmiştir (Uluğbay, 1995, s.144). Azerbaycan'ın sahip olduğu petrol 1991 yılında bağımsızlığını kazandıktan sonra başa geçen Elçibey'in de bir darbe ile tahtan indirilmesine sebep olacaktır. Çünkü Elçibey Türkiye yanlısı politika izleyip, Azerbaycan petrolleri üzerinde Türkiye'nin hisse oranını %12,5'dan %35'e çıkartmıştır (Akman, 2005, s.49).

2.4.2. San Remo Konferansı

İngiltere perde arkasında Fransa ile Mezopotamya petrolleri pazarlığını yürütürken, 1919'da Paris'te başlayan Barış Konferansına başkanlık edecek olan ABD Başkanı Wilson'un petrole yönelik olası taleplerini kontrol için ayrı bir senaryo hazırlamıştır. Buna göre Osmanlı ganimetinden İstanbul, Anadolu, Boğazlar ve Kafkasya ABD'ye manda alanı olarak önerilecekti. Bu sayede Rus tehdidine karşı ABD mandasındaki topraklarla güvenlik kuşağı oluşturmayı ve Kafkasya petrol kaynaklarını ABD'ye terk ediyor gibi görünerek bu ülkenin Mezopotamya petrollerinden uzak tutulmasını temin etmeyi planlıyordu (Uluğbay, 1995, s.153). Dört ay süren konferansta; Milletler Cemiyeti'nin Kuruluşu (28 Nisan 1919)'nun yanı sıra; Almanya ile Versailles, Avusturya ile Saint-Germain, Macaristan ile Trianon ve Bulgaristan ile Neuilly barış antlaşmalarının imzası sağlandı. Paris Konferansı'nda yukarıda belirttiğimiz - Osmanlı'nın parçalanmasına ilişkin - görüşmeler yapılmakla birlikte somut kararlar alınamadı. Ancak Yunan Başbakanı Venizelos'un isteği paralelinde Yunan Kuvvetlerinin Batı Anadolu 'ya çıkmalarına izin verildi. Paris konferansından sonra İngiltere, Fransa, Rusya ve İtalya'nın katılımıyla 12 Şubat 1920'de Londra'da konferans yapıldı. Konferansta Osmanlı devleti ile ilgili iki husus görüşüldü; Osmanlı'nın parçalanması ile kurulacak Türk Devleti ve Türk olmayan bölgelerin durumu. Bu konferansta Sevr Antlaşması'na temel olacak pek çok konu görüşüldü ve karara bağlandı (Hergüner, 2005, s.18). 12 Mart 1920 günü İngiltere parlamentosunda bir konuşma yapan Petrol İşlerinden Sorumlu Bakan Greenwood şu açıklamada bulunmuştur.

"Yeryüzünde petrol aramaya açık olup da petrol aramadığımız tek bir yer bile yoktur. Petrolün kaynağından tüketicisine kadar İngiliz Hükümeti tarafından kontrol edilebileceği tüm petrol kaynaklarını ele geçirmek için büyük çaba sarf etmekteyiz.'' (Uluğbay, 1995, s.160)

Bu açıklamadan bir ay sonra, 18-26 Nisan 1920'de, Osmanlı topraklarının paylaşılması ve Osmanlı ile yapılacak olan Sevr Antlaşmasının şartlarını hazırlamak için, İtalya'nın San Remo şehrinde, San Remo Konferansı için toplanıldı. İngiltere başbakanı Lloyd George,

Fransa başbakanı Millerand, İtalya başbakanı Francesco Nitti ile Japonya, Yunanistan ve Belçika temsilcilerinin katıldığı konferansta Birinci Dünya Savaşı'ndan mağlup olarak çıkan Osmanlı Devleti topraklarının ve Ortadoğu petrollerinin paylaşılması görüşüldü ve Sevr Antlaşmasının son biçimi tespit edildi (http://tr.wikipedia.org/wiki/San_Remo_Konferans %C4%B1).

Sevr Antlaşmasına esas olan konferansta, doğuda bir Ermenistan ile özerk bir Kürdistan'ın kurulması, Anadolu'nun güneyinin Fransız ve İtalyanlara, Trakya'nın Yunanistan'a, Boğazların uluslararası bir komisyona bırakılması kararlaştırıldı. Türklere ise sadece Karadeniz'e çıkışı olan Orta Anadolu toprakları bırakılıyordu. Konferansta ayrıca İngiltere ile Fransa arasında bir petrol antlaşması imzalandı. Bu anlaşmayla Musul'un İngiltere'nin Irak manda bölgesine dâhil edilmesi, Fransa'ya Irak petrollerinden %25 hisse verilmesi ve petrol taşıma kolaylıkları tanınması sağlandı. Böylece İngiltere Basra Körfezi, Ürdün, Filistin gibi Ortadoğu'nun petro-stratejik topraklarının kontrolünü eline almıştı. Antlaşma taslağı Nisan 1920'de San Remo'da onaylandıktan sonra 11 Mayıs 1920'de İstanbul hükümetine (Ankara'da 23 Nisan 1920'de toplanan TBMM dikkate alınmıyordu) bildirilmişti. VI. Mehmet Vahidettin 22 Temmuz 1920 günü saltanat şurasını topladı. Şura Topçu Feriki Rıza Paşa (Çekimser) dışında oybirliği ile Sevr Antlaşması'nı onayladı (Hergüner, 2005, s.18).

Sevr Antlaşması'nı kanla yırtan olay şüphesiz Büyük Taarruz ve Takip Harekâtı'dır. Başkumandan Mustafa Kemal Paşa'nın 30 Ağustos 1922'de Dumlupınar'da bizzat yönettiği Başkumandanlık Meydan Muharebesi'nin ardından buyurdukları "Ordular İlk Hedefiniz Akdeniz'dir.

İleri!" emri Yeni Türk Devleti'nin jeostratejik hedefini belirliyordu. İtilaf Devletleri çareyi mütareke istemekte bulmuş, TBMM'nin bu teklife olumlu cevap vermesi ile Mudanya Konferansı (3-12 Ekim 1922) toplanmıştı. 12 Ekim'de imzalanan Mudanya Ateşkesi'nin ardından Lozan Barış Konferansı toplanmış ve 8 aylık uzun bir mücadeleden sonra 24 Temmuz 1923'te Lozan Barış Antlaşması imzalanmıştır (Hergüner, 2005, s.19).

2.4.3. Musul Meselesi

Henüz Birinci Dünya Savaşı başlamadan önce İngiltere, Mısır'daki askeri birliklerini takviye ederek daha kuvvetli bir hale getirmişti. Savaş ilanının hemen arkasından da İngiltere, İngiliz ve Hintlilerden oluşturduğu askeri birlikleri Basra'ya çıkardı. Bu birlikler, çok kolay ilerleyerek bölgeyi işgal ettiler. Türkler, İngiliz niyet ve hazırlıklarını önceden bilmekle birlikte herhangi bir tedbir almamıştı. Örgütlenecek yerli halkla Irak'ın savunulabileceği düşünülmüştü. Enver Paşa, Trablusgarp'ta olduğu gibi burada da gönüllülerin desteğini alacağını sanmıştı. Ancak Irak bölgesindeki Türk olmayan aşiretler, din kardeşliği ve kutsal vatan topraklan için savaşmaya değil sadece paraya önem veriyorlardı. Başlangıçta milis kuvvetler komutanı Süleyman Askeri, bazı başarılar elde etmekle birlikte üstün sayıdaki düzenli İngiliz kolordusuna yenildi. Süleyman Askerî'nin intihar etmesi üzerine yerine Albay Nurettin Bey atandı ve bölgeye Kafkasya'dan yeni askeri birlikler sevk edildi. Arkasından da Alman Goltz Paşa'nın komutası altında 6. Ordu kuruldu. Alınan tedbirlerle bu yeni Türk ordusu 22 Kasım 1915'te İngilizleri yendi ve Kut'a çekilmeye mecbur etti. Ordu komutanı Goltz Paşa ölünce komutayı Halil Paşa aldı. Kut'a çekilen İngiliz birlikleri Türk ordusu tarafından kuşatıldı ve ünlü generalleri Towshend ile birlikte esir alındı. Bu mağlubiyetten sonra İngiliz ordusu büyük bir hazırlık yaptı ve

1917'de Bağdat'ı aldı. Türk birliklerinin geri çekilmek zorunda kalması ve Rusya'da Bolşevik ihtilali dolayısıyla da gelecek bir tehlike olmadığından İngiliz birlikleri burada hareketsiz kalmayı tercih etti (Demirbaş, 1995, s.12-15).

Musul bölgesi, zengin petrol rezervlerinden dolayı büyük devletler arasında ihtilaf ve çekişme konusu olmasına rağmen, henüz Birinci Dünya Savaşı devam ederken 1916 Sykes-Picot Anlaşması ile Fransa'ya bırakılmıştı. Ancak 1920'de San Remo Konferansında Fransa, Orta Doğu politikasını desteklemesine karşılık olarak bu bölgeyi İngiltere'ye bırakmıştır (Armaoğlu, 1992, s.322). Böylece Irak, bu konferansta anlaşma gereği 25 Nisan 1920'de bir İngiliz mandası olmuştur.

Birinci Dünya Savaşı, Almanya ve müttefiklerinin yenilmesi ile sonuçlanınca Osmanlı Devleti de İngiltere ve müttefikleri ile 30 Ekim 1918'de Mondros Mütarekesi'ni imzalamak zorunda kalmıştır. İngilizler, bu tarihte henüz Musul'a girmemişlerdi. Bölgedeki İngiliz birlikleri komutanı, Ali İhsan Paşa'dan 2 Kasım 1918'de, Musul'u boşaltmasını istemiştir. Bu talebe karşılık Ali İhsan Paşa, anlaşmanın imzalandığını ve Musul'un Misak-i Milli sınırları kapsamında olduğundan bölgenin boşaltılmayacağını bildirmiştir. Ancak İngilizler, 3 Kasım 1918'de "müterakenin 7. maddesine dayanarak Musul'u işgal ettiklerini" açıkladılar. Böylece bölgenin İngilizler tarafından işgaliyle orada yaşayan Türkler için de felaketler dönemi başlamış olur (Mısıroğlu, 1994, s.72-75).

İngilizler, anlaşma imzalanmış olmasına rağmen bir oldubitti ile Musul'a girmişlerdi, fakat bu işgali izleyen bir yıllık zaman diliminde burada nasıl bir idari düzenleme yapacakları netleşmemişti. İngilizler, bu konuda çalışmalarını sürdürüyorlardı. Birçok görüş ve varsayım mevcuttu. Bağdat'taki İngiliz Yüksek Komiseri Sir Percy Cox, şartları değerlendirdikten sonra Londra'ya gönderdiği raporunda manda idaresinin hemen ilan edilmesi ve Faysal'ın Irak krallığına getirilmesi fikrini savunuyordu. Faysal 1920'de Suriye krallığından uzaklaştırdıkları Şerif Hüseyin'in oğludur. Göstermelik bir referandumdan sonra 23 Ağustos 1921'de Irak Krallık tahtına oturmuştur. Böylece İngiliz himmeti ile Irak yönetimine gelen Faysal, Musul bölgesindeki petrol arama ve çıkartma imtiyazını İngilizlere vermiştir (Doruk, 2002, s.63).

Bu durumda İngilizler, Musul'daki petrolü garanti altına aldı. Fakat İngiltere, bu bölgedeki petrolle de yetinmeyerek gözünü İran petrolüne dikti. Bu amacın kolay gerçekleşmesi ise, ancak yeni bir savaşın sahneye konması ile mümkün olabilecekti. Bunun için Yunan adında ellerinde bir oyuncak da mevcuttu. Yunanlıları Anadolu'da Türkler üzerine sevk ettikleri takdirde dünya kamuoyunun dikkatinin buraya çevrilmesi sağlanacak ve bu esnada İran'da başlatacakları petrol harekâtını sessizce gerçekleştirebileceklerdi. Bu amaçla İngiltere, Yunanlıların Anadolu'yu işgale kalkışmalarını sadece teşvik etmemiş aynı zamanda her türlü silah ve mühimmat desteğini de sağlamıştır. Raif Karağ'a göre bu konuda İngilizler; "Ortadoğu'daki Petrol çıkarlarını emniyete alma ve her gün biraz daha şımaran ve bitip tükenmeyen tekliflerle baş ağrıtan Yunanistan'ı kolu kanadı kırılmış bir kuşa döndürme" amacı güdüyorlardı (Karadağ, 2005, s.113).

İngilizlerin desteğiyle İzmir'den başlattıkları işgal harekâtında Yunanlılar, ummadıkları bir durumla karşılaştılar. Eylül 1921'de Sakarya'da ve Ağustos 1922'de Başkomutanlık Meydan savaşlarında, Yunan ordusu hezimete uğramıştı. Türk milletinin Milli Mücadeleden başarı ve yüz akı ile çıkması Ortadoğu'ya yönelik İngiliz politik hesaplarını altüst etti. İngilizler, Güney Anadolu ve Kuzey Irak'ı kapsayacak bir Kürt devleti kurmayı düşünüyorlardı. Türklerin Anadolu'da kazandıkları zafer, buna imkân tanımadı ve Birinci Dünya Savaşı galibi devletler de TBMM Hükümeti ile 20 Kasım 1922'de Lozan Barış Görüşmeleri'ne başladılar (Yalçın, 2001, s.32).

23 Ocak 1923'de başlayan Lozan Konferansı'nın en önemli gündem maddesini Musul meselesi oluşturuyordu. Dışişleri Bakanı ve Türk Delegasyonun Başkanı sıfatıyla İsmet Paşa, Musul'un Türkiye'ye bırakılması konusundaki ırki, siyasi, coğrafi, askeri, tarihi ve iktisadi gerekçeleri içeren 22 sayfalık bir konuşma yaptı. Böylece İngiliz tezinin geçersizliği İngiltere Dışişleri Bakanı Curzon ve diğer temsilcilere açıklanmış oluyordu. Curzon, İsmet Paşa'ya cevaben bazı açıklamalar yapmakla birlikte bu ifadelerin hiçbir temsilciyi tatmin etmediğini bildiğinden görüşmeleri etkileyecek başka yollar aradı (Doruk, 2002, s.64). Curzon, Musul meselesinin konferansta görüşülmesi yerine Milletler Cemiyeti'ne götürülmesini teklif etmiş ve kabul ettirmiştir. Böylece Curzon'un çabası ile Musul meselesi, Lozan gündeminden çıkartılarak önce ikili görüşmelere ve arkasından da Milletler Cemiyeti'ne taşınmış oldu (Yalçın, 2001, s.34).

Lozan görüşmeleri gündeminden çıkartılması, Musul meselesinin çözüldüğü anlamına gelmiyordu. Bu şekilde zaman kazanan İngiltere, amacına ulaşmak için her yolu denemeye kararlıydı. Musul konusunda Lozan'da kararlaştırılan ikili görüşmeler 19 Mayıs 1924'te İstanbul'da başladı. Haliç Konferansı olarak anılan bu görüşmelere Türkiye, Fethi Bey ve İngiltere ise Sir Percy Cox başkanlığında heyetlerle katıldılar. Bu görüşmelerde İngiliz delegasyonu, Musul'la yetinmeyip Hakkâri ve civarının Nesturilere verilmesini talep ettiler. Bu isteklerinde samimi olmayan İngilizler, konferansın anlaşmazlıkla sonuçlanması ve konunun Milletler Cemiyeti'ne taşınmasını amaçlıyorlardı. Bunda da başarılı oldular ve 5 Haziran'da hiçbir uzlaşma sağlanmadan konferans sona erdi. İngilizler, 6 Ağustos 1924'te Milletler Cemiyeti'ne müracaat ederek Musul meselesinin gündeme alınmasını istemişlerdir (Yalçın, 2001, s.35).

Milletler Cemiyeti konuyu Eylül ayında görüşmeye başladı. Ancak bu esnada Doğu Anadolu'da İngiliz destek ve teşviki ve şeriatın elden gittiği gerekçesiyle Şeyh Said isyanı başladı. Musul meselesinin en kritik bir devresinde tezgâhlanan bu isyan, Türkiye'yi iç karışıklık ve huzursuzluklara sokmak, askeri gücünü zayıflatmak, dış baskılara zemin hazırlamak ve bölgeyle sınır konumunda olan Kuzey Irak'a İngiliz askeri yığınağına gerekçe hazırlamak gibi amaçlar güdüyordu (Doruk, 2002, s.65). Neticede İngilizler, Türkiye'yi belirli bir süre için meşgul eden isyanla yukarıda değinilen amaçlarına ulaşıyorlardı. Lahey Adalet Divanı, alınacak karara Türk ve İngiliz taraflarının uyma zorunluluğunu bildirdikten sonra Milletler Cemiyeti Musul'u Irak'a bıraktı. Bu karara, Türk kamuoyu ve basını büyük tepki gösterdi. Ancak yeni savaştan çıkan Türkiye'nin içinde bulunduğu genel ve ekonomik şartlar, bu kararın kabulünü gerekli kılıyordu (Yalçın, 2001, s.36).

Sonuç olarak; 5 Haziran 1926'da Ankara'da Türk, İngiliz ve Irak hükümet temsilcileri arasında imzalanan bir anlaşma ile Musul'u kesin olarak kaybettiğimizi kabul ediyorduk. Bu anlaşma ile Türk-Irak sınırı da belirleniyordu. Ayrıca Musul petrol gelirlerinin %10'luk bölümü de 25 yıllık bir zaman diliminde Türkiye'ye bırakılıyordu. Ancak Türkiye, 500 bin sterlin karşılığı bu hakkından vazgeçmiştir. Yine bu anlaşmayla Irak ile Türkiye arasında dostluk ilişkileri tesis edilmiş ve 1928 yılında karşılıklı elçiler atanmıştır. Fakat bu anlaşmada Irak sınırları içinde yaşayan Türklerin hakları ve bu hakların Türkiye garantörlüğüne alınması hususunda herhangi bir hüküm yer almamıştır (Yalçın, 2001, s.37).

Lozan Anlaşması ile çözülemeyen sorunlardan birisi olan Musul meselesinin İngiltere-Türkiye arasında yapılan görüşmeler sırasında İngiltere'nin yeni bir savaşı göze alacak kadar ısrar etmesinin nedeni, yapılan çalışmaların Irak'ta çok zengin petrol kaynakları olduğunu ortaya koymasıydı (Giritli, 1978, s.96). Lozan'dan sonraya bırakılan Musul - Kerkük sorunu 1925 yılında yeniden pazarlık konusu olduğunda, 7 Ağustos 1924'te İngilizlerin kışkırtmasıyla başlayan Nasturi ayaklanması ve Şubat 1925'te başlayan Şeyh Sait isyanı ile Türklerin pazarlık gücü zayıflatılmaya çalışılmış ve petrol zengini olan Musul - Kerkük'ün İngiliz Irak'ının eline geçmesi sağlanmıştır (Kaynak ve Gürses, 2006, s.123).

2.5. İkinci Dünya Savaşı'nda Petrolün Yeri

Avrupa'da ve Uzak Doğu'da İkinci Dünya Savaşı'nın çıkışı ve gelişmesinde petrol en önemli etken olmuştur. Nitekim Japonlar Pearl Harbour'a, Doğu Hint Adaları'ndaki petrole el koyan ordularını korumak amacıyla saldırmıştır. Hitler'in Sovyetler Birliği'ni işgal etmesindeki en önemli stratejik hedef, Birinci Dünya Savaşı'nda da üzerinde çatışmalar yaşanan Azerbaycan'daki petrol yataklarını ele geçirmekti. Almanya'nın yanında savaşa girme ihtimali olan Türkiye üzerinden bu yataklara ulaşılamayacağına göre Sovyetlerin işgal edilmesi gerekiyordu. Ancak zamanla Amerika'nın petrol konusundaki üstünlüğü ve kararlılığı ortaya çıkmış ve savaş henüz son bulmadan Almanya'nın ve Japonya'nın petrol rezervleri tükenmişti (Yergin, 1995, s.195).

Hitler savaşa yaklaşımda temel stratejisini saptarken petrol konusunu daima dikkate almış, stratejisini ona göre ayarlamıştı. Bu strateji "*Blitzkrieg*" yani Yıldırım Savaşı'na dayalı şiddetli fakat kısa süreli, petrol rezerv sorunları çıkmadan kesin zafere götürecek yoğun mekanize gücün kullanıldığı çarpışmalar demekti. Başlangıçta bu strateji çok iyi sonuçlar verdi. Sadece 1939'da Polonya'da değil, 1940 ilkbaharında da Hitler kuvvetleri Norveç, Belçika, Hollanda ve Fransa'ya girdiğinde de şaşırtıcı bir kolaylıkla uygulanıp başarılı olmuştu (Yergin, 1995, s.382).

Hitler'in Rusya'yı istila fikrinde Bakü'nün ve Kazakistan'daki öteki petrol yataklarının alınması temel amacıydı. Düşüncesine göre, Kafkas petrolü ve Ukrayna'nın verimli toprakları ile beraber Alman İmparatorluğu içine sokulabilse, o zaman kurduğu yeni düzen hudutları içine ülkeyi yenilmez yapacakları kaynakları almış sayılırdı (Yergin, 1995, s.383).

ABD savaşa girdikten sonra, 1942 ve 1943 yıllarında Ortadoğu her yönüyle büyük önem kazanmıştı. Washington'un Ortadoğu'ya bakışı tamamen değişmişti. Çünkü petrol savaşın en önemli stratejik maddesi olmuştu ve milli güç ile üstünlüğün kesin şartı kabul ediliyordu. Savaş süresince Müttefiklerin petrol gereksinimi neredeyse tamamen ABD'den karşılandığı için, ABD'deki kaynaklar o güne kadar görülmemiş bir hızla üretime zorlanıyordu ve bu da yakında petrol kıtlığı olabileceği korkusu yaratmıştı. Kapsamlı ve devamlı bir kıtlık ABD'nin güvenliği ve geleceği açısından çok tehlikeli olabilirdi (Yergin, 1995, s.455).

Potsdam'da savaşın son bulmasından evvel müttefikler arasında yapılan son toplantıda ABD Donanma Bakanı Forrestal, Suudi Arabistan'ın o gün için birinci derecede önem taşıyan bir konu olduğunu söylemiştir. 1946 yılında ki değerlendirmesinde,

"Biliyorum ki yeni bir dünya savaşına girecek olsak Orta Doğudaki petrol rezervlerine ulaşmamız asla mümkün olamaz; ancak bu arada eğer bu rezervleri kullanırsak kendi rezervlerimizin tükenmesine engel oluruz.'' diyerek ABD'nin Ortadoğu petrollerine bakışını yansıtmıştır (Yergin, 1995, s.469).

2.6 Körfez Savaşı'nda Petrolün Yeri

Petrolle ilgili ilk kavgaların yaşandığı 1900'lü yılların başından yaklaşık seksen yıl sonra, iki dünya savaşı ve uzun bir soğuk savaşın bitiminde, insanların yeni ve daha barışçı bir sürecin başladığına inandığı bir anda petrol yeniden tüm dünyada gündeme gelmiştir. Sovyetler Birliği'nin dağılması ve Körfez Savaşı, Türkiye'nin Doğu Avrupa'dan Batı Çin'e kadar uzanan bölgede stratejik açıdan önemini arttırmıştır (Lesser and Fuller, 2000, s.XVII).

BM'nin yıllardır Irak'a uyguladığı ambargonun uzatılma kararından sonra Irak petrolünün çıkışını sağlayacak Kuveyt'i 2 Ağustos 1990'da Irak Devlet Başkanı Saddam Hüseyin işgal ediyordu. Amacı sadece bir kraliyet devletini ele geçirmekle kalmayıp, aynı zamanda ülkenin zenginliklerine de el koymaktı. Başarılı olması halinde Irak dünyanın en önde gelen petrol gücü olmakla kalmayacak, hem Arap dünyasının hem de gezegenin en zengin petrol rezervine sahip olan Körfez'in tek hâkimi konumuna gelecekti.

Irak, Kuveyt'in kaynaklarını kullanarak kendisini nükleer güce sahip bir devlet haline getirebilecek hatta daha da ileri gidip belki de bir süper güç olabilecekti. Bu ise uluslararası güç dengesinde kuşkusuz kabul edilebilir bir şey değildi. Bu nedenle Saddam Hüseyin'in tahmininin aksine dünyanın öteki ülkeleri Kuveyt'in işgaline seyirci kalamadı. İşgale tepki büyük olmuş ve Irak tarafından işgal edilen Kuveyt ABD liderliğindeki uluslararası güç tarafından kurtarılmıştır. Bu devletlerden ABD ve Sovyetler Birliği arasındaki işbirliği o güne kadar benzerine rastlanmamış türdendi. Askeri güçler bölgeye yayılma konusunda görülmemiş bir hız ve kararlılıkla hareket ettiler (Yergin, 1995, s.8).

Saddam rejiminin baskısı altında ezilen Kürtler de kriz sonrasında Kuzey Irak'ta oluşturulan güvenli bir bölgeye yerleştirilmiştir. Sayıları 500 bini bulan bu grubun Huzur Operasyonu kapsamında Kuzey Irak'a yerleştirilmesi ve Irak kontrolünün dışında bir bölgede tutulması Türkiye'yi rahatsız etmiştir (Fuller and Lesser, 2000, s.53). Çünkü bu bölgenin amacı ileride kurulması düşünülen ayrı bir Kürt Devleti ile petrol açısından zengin Musul bölgesinin kontrolünü ele geçirmektir.

Günümüzde Kuzey Irak'ta yaşanan gelişmeler ve Musul - Kerkük'te nüfus üzerinde yaşanan tartışmalar, Türkmenler ile Arapların bölgeden sürülmesi ve referandum planlanması bu düşünceyi desteklemektedir. 80 yıl önce de İngilizlerin aynı oyunu oynadığı hatırlanırsa; bu topraklar üzerindeki amacın değişmediği; sadece aktörlerin değiştiğini, o zamanki İngiltere'nin yerini ABD'nin; Milletler Cemiyeti'nin yerini de Birleşmiş Milletler'in aldığını görürüz.

2.7. Afganistan Harekâtı'nda Petrol ve Doğal Gazın Yeri

11 Eylül'de ABD'nin New York şehrinde meydana gelen saldırıların bazı ABD üst düzey yöneticileri tarafından bilindiğine ilişkin bir takım göstergeler ve iddialar mevcuttur. Eğer bu saldırılar engellenseydi, o zaman petrol ve doğal gaz yolu üzerinde olan Afganistan'a müdahale nedeni olmayacaktı (Ataöv, 2002). 11 Eylül'den sonra ABD, gündemindeki enerji krizini aşmaya yönelik olarak iki alanda adım attı. Birincisi, teröre karşı savaş bağlamında Rusya ile ilişkilerini geliştirerek, hem Orta Asya ve Hazar petrolleri üzerindeki etkisini artırdı hem de Rusya'nın kimliğinde, OPEC'e alternatif, petrol ithal edebileceği bir kaynak elde etti. Bu ilişki Rus petrol ve gaz endüstrisinin ABD şirketlerinin de katkısıyla yenilenerek kapasitesinin artırılması olanağını da gündeme getirdi. 2002 yılında Rusya yıllar sonra ilk kez ABD'ye petrol ihraç etti. İkincisi, Afganistan'ın ABD kontrolüne geçmesi Orta Asya petrollerinin de bölge dışına taşınabilmesinin koşullarını yarattı. Örneğin, Ekim 2002 başlarında Türkmenistan'ın Duletabad-Dönmez havzasındaki gazı, Afganistan'dan geçerek Pakistan'ın Karaçi limanına ulaştıracak bir boru hattı projesinin ilk çerçeve anlaşması imzalanmıştır (Yıldızoğlu, 2002, s.15).

ABD'nin Afganistan'a müdahalesi ve Orta Asya petrol ve doğal gazının Afganistan yoluyla Hint Okyanusu'na, buradan da dünya pazarlarına sunulması projelerinin hayata geçirilmesi, ABD'nin bölge enerji kaynaklarının üzerinde kontrol sağlayarak Çin'in boru hatları ile karadan enerjiye kolay erişimini engelleyebilecek ve donanmasının güçlü olmamasından dolayı Çin'i ABD Donanması denetiminde bulunan uzun deniz yollarına mahkum edebilecektir. Terörizme karşı yürütülen savaşta ABD, Afganistan Harekâtı ile Orta Asya ve Güney Kafkasya'da aldığı askeri tedbirlerle Hazar Havzası'ndaki petrolü dış müdahalelere karşı koruyup, petrole ulaşımını sağlarken, Irak Harekâtı ile de Basra Körfezi petrolleri üzerindeki kontrolünü pekiştirme amacındadır.

2.8. İkinci Körfez Savaşı'nda Petrolün Yeri

2002'nin ikinci yarısı ile 2003'ün ilk günlerinde, ABD'nin Körfez'e yeni bir müdahalesi gündeme gelmiştir. ABD yetkililerinin, Irak'ın elinde bulunan kitle imha silahlarının etkisiz hale getirilmesi maksadıyla böyle bir harekâtın zorunlu olduğunu açıklamalarına karşın, yaygın olan görüş ABD'nin amacının dünyanın en önemli petrol rezervlerine sahip bölgeyi kontrol altına almak olduğu şeklindedir. Çünkü bir zamanlar dünyanın en büyük üreticisi olan ABD, bugün petrol tüketiminin yarısını dışarıdan ithal etmek zorundadır ve ülkenin stratejik konumu giderek zayıflamakta ve bütçe açığı daha da büyümektedir (Yergin, 1995, s.10). Bu durum ABD'nin asıl niyetinin petrole dayalı olduğu düşüncesini desteklemektedir. Bu amacına ulaşmaya çalışırken Amerika'nın en büyük destekçisi Birinci Körfez Harekâtı'nda Huzur Operasyonu'yla Irak kontrolü dışında tutulan Kürt gruplardır.

Daha önce özellikle İran - Irak savaşında İranlılar tarafından desteklenen ve Türkiye'den Akdeniz'e uzanan petrol boru hatlarına sabotaj girişimlerinde bulunan Kürt gruplara Türkiye müdahale edebilmiştir. Irak petrol boru hattının kapatılmasının Türkiye'ye maliyetinin yıllık 500 milyon Dolar olduğu düşünülürse, Türkiye'nin müdahalesi daha iyi anlaşılacaktır (Lesser and Fuller, 1995, s.160). Ancak günümüzde bu bölgeye müdahalede bulunmamıza müsaade edilmemektedir.

Şekil 2.5. Irak Petrol Sahaları

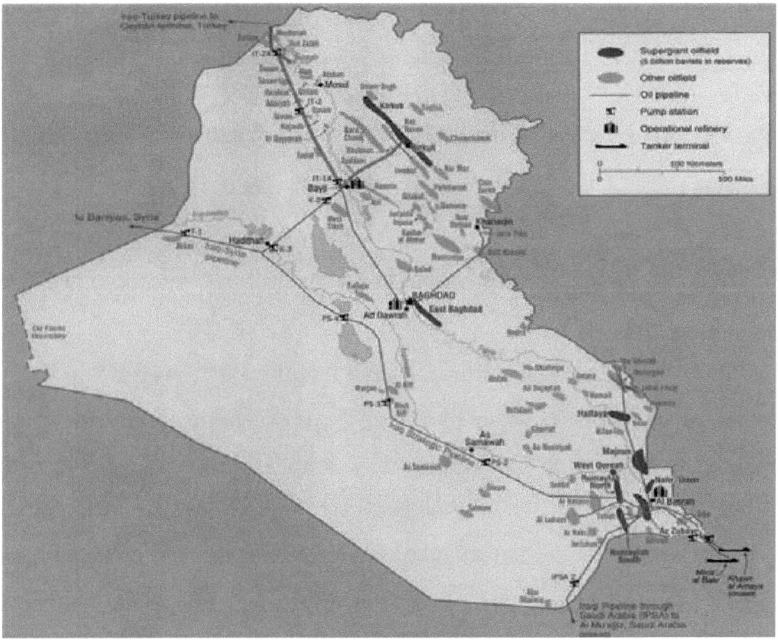

http://www.eia.doe.gov/emeu/security/esar/esar_bigpic.htm

Görüldüğü gibi Irak'ın petrol sahaları yoğunluklu olarak güney ve kuzey bölgelerinde toplanmıştır. İşgalden sonra Irak'ın güneyine Birinci Dünya Savaşı sonrası olduğu gibi İngiltere yerleşmiştir. Kuzeyine ise halen ABD güdümlü Kürdistan Devleti kurulmaya çalışılmaktadır. Anlaşılacağı gibi, dünya enerji politikaları gelişmiş ülkelerin siyasi amaçlarına göre şekillendirilmekte ve bu konuda hiçbir riske ve şansa yer verilmeden uygulanmaya çalışılmaktadır. 1991 Körfez Savaşı'nda yaşananlar da bunun bir örneği olmuş, ABD liderliğindeki gelişmiş ülkeler kendileri için son derece önemli olan petrol kaynaklarının başka ülkelerin kontrolüne geçmesini engellemek için büyük bir birlik oluşturarak, son sözün kendilerine ait olduğunu göstermişlerdir. Birinci Körfez Savaşı'ndan 12 yıl sonra gerçekleşen Irak'ın işgali gösteriyor ki enerji savaşları uluslararası sistemde bir sapma göstermemiştir.

2.9. Petrol Üreten Ülkelerin Dünya Siyasetine Yön Verme Çabaları

Petrol dünya siyasetinde bu kadar önemli rol oynarken, petrolün çıkarıldığı ülkeler daima göz ardı edilmiş ve söz sahibi olmaları engellenmiştir. Ancak bu durum 20'nci yüzyılın ikinci yarısından itibaren değişmeye başlamıştır. Mısır'da, Nasır'ın devlet başkanı olması ve aynı dönemde İsrail Devleti'nin kurulmasına Arap ülkelerinden gelen tepkiler birbirini tamamlayarak Arap milliyetçiliği düşüncesini canlandırdı. Giderek parlayan Arap milliyetçiliğinin odak noktası petroldü. Hatta Mısır başkanı Nasır 1954'te yayınlanan "Bir Devrimim Filozofisi" adlı kitabında petrolü Arap Gücü'nün en önemli unsurlarından biri olarak tanımlamıştır (Giritli, 1978, s.27).

1950'li yılların başından itibaren "Arap Petrol Experleri" adı verilen kuruluş içerisinde, ana konusu İsrail'e karşı uygulanacak petrol ambargosu olan toplantılar yapılmıştır (Yergin, 1995, s.587). Mısır petrol üreten bir ülke olmadığı halde bu toplantıları kullanarak grubun bir üyesi olmuş, petrolün Arapların en kuvvetli silahı olduğu düşüncesi kabul görmüş ve Süveyş Kanalı'nın Mısır'ın kontrolünde yeniden açılışı bu imkânı daha da güçlendirmiştir. Çünkü kanaldan geçen trafiğin üçte ikisini petrol oluşturuyordu ve giderek petrole bağımlı hale gelen batılı devletler için bu kanal eşsiz önem taşıyordu (Kissinger, 2000, s.490). Ancak henüz organize bir teşkilat kurmak için tüm petrol üreticilerini kapsayan bir anlayış oluşmamıştı. Bu katkı önce İran'dan sonra Güney Amerika ülkesi olan Venezuela'dan gelmiştir.

Birinci Dünya Savaşı'ndan bu yana İran'daki petrol üzerinde söz sahibi olan BP, Dr. Musaddık'ın petrolle ilgili taleplerini reddetmiştir. Bunun üzerine Musaddık, Meclise İran petrollerinin millileştirilmesini öngören bir kanun tasarısı sunmuştur (Armaoğlu, 1992, s.490). Meclis, Musaddak'ın başkanlığındaki komisyonun millileştirme konusunda 8 Mart 1951'deki tavsiye kararı doğrultusunda, 15 Mart 1951'de "İran ulusunun mutluluk ve refahı için dünya barışının korunması amacıyla tüm petrol arama, çıkarma ve üretme faaliyetlerinin hükümetçe yürütülmesini" öngören bir kanunla İran petrol sanayisini millileştirmiştir (Duran, 1974, s.75).

Meclisin böyle bir kararı almasında 1950 başından itibaren Musaddık ve Ulusal Cephe taraftarlarının düzenledikleri gösterilerle kamuoyunu kendi taraflarına çekmeyi başarmış olmaları önemli rol oynamıştır. Ulusal Cephe içindeki Ulemalar İran'ın ve İslam'ın düşmanlarına karşı çıkmakla millileştirme kampanyasına destek verme arasında doğrudan bir ilişki kurarak bu konuda dini duygulardan da yararlanmışlardır. Nitekim 1951 ortalarına gelindiğinde Ulusal Cephe politikası geniş bir halk kesimi tarafından desteklenir hale gelmiştir (Arı, 2005, s.257).

Nitekim Meclis görüşmeleri esnasında Anglo Iranian Oil Company imtiyazını tek taraflı olarak iptal etmenin hukuki olmayacağı konusunda ısrar eden Başbakan Razmana, bu açıklamasından bir kaç gün sonra 3 Mart 1951'de bir suikast sonucu öldürülmüş yerine geçen Ala'nın da kısa bir süre sonra istifa etmesinin ardından Meclis'in önerisi üzerine Şah, Musaddık'ı 28 Nisan 1951'de başbakanlığa getirmek zorunda kalmıştır. Musaddık ise başbakan olduktan iki gün sonra, 1 Mayıs 1951'de, meclisin aldığı millileştirme kararını onaylayarak yürürlüğe koymuştur (Arı, 2005, s.258). İran'daki petrol kavgası 1953'te Musaddık'ın tahtan indirilmesiyle son bulmuştur. Ancak Musaddık'ın kurduğu İran milli petrol şirketi petrol yataklarının sahibi kalmıştır (Giritli, 1978, s.78).

1958 yılında Venezuela'da diktatörlük devrildikten sonra başa geçen hükümette Maden ve Hidrokarbon Bakanlığı'na getirilen Peres Alfonso petrol kaynaklarına bakışını şu şekilde açıklamıştır: "Üretici ülkeler için petrol bir mirastır. Bugünkü kuşağa olduğu kadar, gelecek kuşaklara da aittir. Elde edilen kazanç ülkenin kalkınması için kullanılmalıdır ve petrolün üretimi hakkındaki kararları yabancı teşekküller değil, hükümran olan hükümetler almalıdır." (Yergin, 1995, s.603) Bu düşüncelerle 1959 yılındaki Arap Petrol Kongresi'ne gözlemci olarak katılan Alfonso, fikirlerini paylaşan Arap üyelerin de çabaları ile 14 Eylül 1960 günü kurulan Petrol Üreten Ülkeler Teşkilatı (OPEC)'nın temelini oluşturmuştur. Batılılar ilk önce OPEC'in kuruluşunu ciddiye almamışlar ve artan ihtiyaçlarını Libya'da açılan kuyulardan karşılamışlardır. Ancak 1969 yılında Batı taraftarı Libya Kralının, Albay Kaddafi tarafından devrilmesi ve ihtilalcilerin ABD güçlerini ülkeden çıkararak fiyatları artırmaya başlaması durumu değiştirmiştir (Giritli, 1978, s.18).

OPEC 1970'li yılların başına kadar etkin olamamış, iç çekişmeler ve liderlik mücadeleleriyle vakit geçirmiştir. Ancak kurulduğu tarihten 10 yıl sonra gerçek gücünü ortaya koyabilmiş ve 1970'li yıllarda dünya petrol piyasasında fiyatların kontrolünde etkin olmuştur. 1970'li yılların ortasında

OPEC üyeliği kavramı, SSCB hariç dünya petrol ihracatçıları kavramıyla özdeşleşmişti. OPEC ülkelerine en büyük desteği ise şüphesiz SSCB veriyordu. Kendi petrol ihtiyacını karşılayabildiği halde bu ülkelerden petrol ihraç ediyordu. Böylece petrol üreten ülkelerin millileştirme politikalarını onlara petrol pazarı sağlayarak destekliyordu (Giritli, 1978, s.44). Bu sayede soğuk savaş döneminde Amerika'nın Sovyetler Birliği'nin etrafında oluşturduğu ülkeler kuşağının üstünden atlayarak Ortadoğu'ya sıçramış oluyordu (Kissinger, 2000, s.491).

1974-1978 yılları arasında OPEC altın çağını yaşadı. Petrol ihracatçılarının petrolden elde ettikleri gelir 1972'de 23 milyar $ iken, 1977'de 140 milyar $'a yükseldi (Pamir, 1999, s.14). Bu güç ilk kez bir silah olarak 1973 Arap-İsrail Savaşı sırasında kullanılmış, ABD'ye karşı uygulanan ambargo geniş etki göstermiştir. Hatta 1973 petrol ambargosu esnasında Suudi Arabistan'daki Amerikan petrol şirketleri, Kral Faysal'ın emir ve tehdidine karşı direnememiş ve bu tehditlere boyun eğerek Akdeniz'deki Amerikan 6. Filosu'na bile petrol verememiştir (Giritli, 1978, s.51). Bu gelişmeler dünyayı petrol fiyatlarının yükselmesine ve bir ekonomik buhrana taşımıştır. OPEC ülkeleri dünya ekonomisi üzerinde belirleyici konuma geçmişlerdir.

OPEC günümüzde petrol rezervlerinin %78'ini kontrol altında tutarken, toplam üretimin %41'ini ve ihracatın %55'ini gerçekleştirmektedir. Temel amaçları uluslararası petrol şirketlerine karşı birleşerek bu alanda bir güç dengesi oluşturmak ve petrol fiyatlarını gerektiğinde yükseltebilmektir (Yüce,2006,s.76).

3. TÜRKİYE'DE ENERJİ GÖRÜNÜMÜ

Gelişmekte olan ülkelerden biri olan Türkiye'de enerji tüketimi her geçen gün artmaktadır. Ülkenin enerji planlaması, Enerji ve Tabi Kaynaklar Bakanlığı'nca; ekonomik büyümeyi gerçekleştirecek, zamanında, yeterli, güvenilir olarak sağlanması için kısa, orta ve uzun vadeli hesaplanarak yapılmaktadır (Taflan, 2003, s.74). Türkiye'de elektrik enerjisi üretimi çoğunlukla yerli üretime dayanmaktadır. Elektrik üretiminde kömür geçmiş yıllarda çok önemli yer tutmuştur. Ancak yeni bir enerji kaynağı olarak doğal gazın yaygınlaşması, kömür çıkarımındaki maliyetin artmasının yanında dünyada kömür fiyatlarının düşmesi, kömürün veriminin düşük olması ve doğal gazın kömüre göre daha temiz bir enerji çeşidi olması sebebiyle kömüre olan talep her geçen gün azalmış, doğal gaza olan talep artmıştır (Çaylı, 2002, s.86).

Ülkemizde mevcut enerji kullanımına yönelik olarak petrol, doğal gaz, kömür, hidrolik enerji, rüzgâr enerjisi, jeotermal enerji, güneş enerjisi, biyomas ve biyogaz kullanılmaktadır. 20'nci yüzyıla girerken birincil enerji kaynaklarındaki kullanım oranı; %30 kömür, %42 petrol, %16 doğal gaz, %3 hidrolik enerji, %8 ticari olmayan kaynaklardır (Çaylı, 2002, s.88). Enerji tüketimi ülkemizde her geçen gün artmaktadır ve enerji gereksinimimizin büyük bir kısmı dış ülkelerden ithalat yoluyla karşılanmaktadır. Ülkemizde kömür ihtiyacı yerli üretimle karşılanabilirken petrol ve doğal gaz ihtiyacı ithalat ile karşılanmaktadır. Türkiye'nin toplam enerji talebinde birincil enerji kaynaklarının 2010 - 2020 yılları arasındaki tahmini dağılımı Tablo 3.1'de verilmiştir (BOTAŞ, 2000, s.30).

Tablo 3.1 Enerji Talebinde Türkiye'nin 2010 – 2020 Arası Kaynakların Dağılımı

Enerji Kaynakları/Yıllar	**2010(%)**	**2020(%)**
Petrol	26,1	21,6
Doğal gaz	29,3	25,2
Kömür	37,3	42,5
Hidroelektrik	3,3	2,8
Diğer	4,0	7,9

BOTAŞ, 2000, s.30

Buna göre önümüzdeki yıllarda artan enerji ihtiyacını karşılayabilmek için büyük bir kısmı yerli üretim olan kömüre tekrar yönelme olacaktır. Tablo 3.2'de Türkiye'deki enerji sektörüne ait rezerv, üretim ve tüketim miktarları gösterilmektedir (Erdoğan, 2006, s.43).

Tablo.3.2. Türkiye'de Enerji Sektörü

PETROL	
İspatlanmış Rezerv	300.000.000 varil
Üretim	49.000 varil/gün
Tüketim	653.000 varil/gün
Net Dışalım	604.000 varil/gün
Toplam Rafineri Kapasitesi	802.275 varil/gün
DOĞAL GAZ	
İspatlanmış Rezerv	8,5 milyar metreküp
Üretim	368 milyon metreküp/yıl
Tüketim	17,6 milyar metreküp/yıl

Net Dışalım	17,3 milyar metrekü/yıl
KÖMÜR (TAŞKÖMÜRÜ+LİNYİT)	
İspatlanmış Rezerv	8.375.000.000 ton
Üretim	75.000.000 ton
Tüketim	90.000.000 ton
Net Dışalım	15.000.000 ton

Erdoğan, 2006, s.43

Tablodan da görüldüğü üzere günümüzde Türkiye'de mevcut petrol rezervi 300 milyon varil, yaklaşık 41 milyon ton, ispatlanmış doğal gaz rezervi 8,5 milyar metreküp, ispatlanmış kömür rezervi 8,4 milyar tondur. Tüketilen petrolün %92'si, tüketilen doğal gazın %98'i ve tüketilen kömürün %16'sı ithalatla karşılanmıştır. Türkiye, Ortadoğu'nun, Avrasya-Orta Asya'nın petrol üretici ve ihracatçısı ülkelerine komşu durumunda olmakla birlikte boru hatları ile petrol ithal olanaklarını artırması ve çeşitlendirmesi son derece önemlidir. Bulunduğu bu coğrafya nedeniyle petrol ve doğal gaz kaynaklarının batı pazarlarına ulaştırılmasında enerji terminali olmaya aday bir ülkedir (Döngör, 2003, s.15).

3.1. Türkiye'de Petrol

Ülkemizde 1954 yılından itibaren, yerli ve yabancı özel sermayenin de iştirak etmesiyle, petrol arama ve işletme faaliyetleri hızlanmıştır. Bu faaliyetler özellikle Siirt, Batman, Diyarbakır ve Gaziantep illeri civarında yoğunlaştırılmıştır. Ayrıca, Marmara Bölgesi, Hatay, Adana, Konya ve Antalya yörelerinde de bu faaliyetler sürdürülmüştür. Bolu, Ankara ve İzmir'de ise sınırlı ölçülerde aramalar yapılmıştır. Son zamanlarda TPAO;

yabancı şirketlerle denizlere doğru açılma stratejisi izlemeye başlamıştır. Buna göre Batı Karadeniz'de ARCO ve Doğu Karadeniz'de BP şirketleri ile arama faaliyetlerini sürdürmekte olup, yurt dışı faaliyetleri kapsamında Türk Cumhuriyetleri ile petrol arama ve işletim ortaklıklarına girmiştir (Çaylı, 2002, s.92).

Türkiye'nin başlangıçtan bugüne keşfedilen üretilebilir petrol rezervi, yaklaşık 1 milyar varildir. Bu rezervin bugüne kadar yaklaşık % 70'i tüketilmiş olup, kalan rezervimiz 300 milyon varildir (43.1 milyon ton). Türkiye yılda yaklaşık 25 milyon ton ham petrol tüketmekte, bunun %90'dan fazlasını ithal etmektedir. Mevcut üretim kapasitesiyle (Enerji ve Tabii Kaynaklar Bakanlığı'nın verilerine göre 2,3 milyon ton/yıl) mevcut rezervin (43.1 milyon ton) yaklaşık 19 yıl yetebileceği ortaya çıkmaktadır. Yıllar itibariyle Türkiye'nin petrol üretiminin tüketimi karşılama oranları aşağıdaki Tablo 3.3'te sunulmuştur.

Tablo 3.3 Türkiye'nin Petrol Üretim ve Tüketimi (1997 - 2005)

Yıllar	**Petrol Üretimi (bin ton)**	**Petrol Tüketimi (bin ton)**	**Karşılama Oranı (%)**
1997	3457	29176	11,8
1998	3224	29022	11,1
1999	2940	28862	10,1
2000	2749	31072	8,8
2001	2551	29661	8,6
2002	2420	29776	8,1
2003	2375	30669	7,7
2004	2276	31729	7,2
2005	2281	30016	7,6

ETKB, 2006

Ülkemizde petrol üretimi İzmit, İzmir, Kırıkkale, Mersin, Ataş, Batman ve Kahramanmaraş rafinelerinde yapılmaktadır. Bugün Türkiye'de petrol potansiyeli olan karasal alanlarımız arasında başlıcaları; Güneydoğu Anadolu, Tuz Gölü, Trakya basenleri, Sivas-Gürün, Batı Toroslar, Erzurum-Tekman, Muş, Van, Sinop-Boyabat, Gediz, Mudurnu-Göynük ve Çankırı-Çorum havzalarıdır. Akdeniz, Karadeniz ve Ege, son derece sınırlı aranmış, ancak önemli potansiyel içerdiği düşünülen alanlarımızdır. Karadeniz'de petrol ve özellikle de gaz varlığına dair önemli bulgular elde edilmiştir (Pamir, 2003). Tablo 3.4'te Türkiye'de bulunan petrol rafinerileri ve işletme kapasiteleri gösterilmiştir.

Tablo 3.4 Türkiye'nin Petrol Rafinerileri ve İşleme Kapasiteleri

Adı	**Kapasitesi (varil/gün)**
İzmit	252.000
İzmir	227.000
Kırıkkale	113.000
Mersin	95.000
Ataş	88.000
Batman	22.000
K.Maraş	6.000
Toplam	803.000

Erdoğan, 2006, s.43

1996 yılında Türkiye'nin petrol ithalatının yüzde 41,1'ini Suudi Arabistan karşılamakta iken, 1997 yılında bu oran %23,0'a ve 2003 yılında %16,0'a düşmüştür. 1999 yılında İran ve Libya, Türkiye'nin petrol ithal ettiği en önemli iki ülke konumuna gelmiştir. Türkiye'nin petrol ithalatında Rusya'nın payı, 1999 yılında bir sıçrama göstererek petrol ithalatının %9,3'ünü oluşturmuştur. 2001 yılına gelindiğinde, Türkiye'nin Rusya'dan gerçekleşen petrol ithalatı 776 milyon Dolar'a ve bu ülkenin toplam petrol ithalatındaki payı %20'ye kadar çıkmıştır (Yıldırım, 2003, s.32).

3.2. Türkiye'de Doğal Gaz

Türkiye'nin ispatlanmış doğal gaz rezervi 8,5 milyar metreküp olup, üretimi 368 milyon metreküptür. Türkiye petrolde olduğu gibi doğal gazda da dışa bağımlı olup, tüketiminin %98'ini ithal etmektedir. 2006 yılı sonu itibariyle Rusya Federasyonu'ndan 11.670 Milyon cm^3, yine Rusya Federasyonu'ndan TURUSGAZ aracılığı ile 576 Milyon cm^3 ve Mavi Akım kapsamında, 7.403 Milyon m^3, Nijerya'dan 1.118 Milyon cm^3 ve Cezayir'den 4.203 Milyon cm^3 ve İran'dan 5.691 Milyon cm^3 olmak üzere, toplam 30.830 Milyon cm^3 gaz ithal edilmiş olup, doğal gaz satış miktarı 30.493 Milyon cm^3 olmuştur. Satışların sektörel dağılımı Tablo 3.5'te olduğu gibidir (BOTAŞ, Doğal gaz Ticareti…, 2007).

Tablo 3.5. Doğal Gaz Satışlarının Sektörel Dağılımı-Milyon cm^3

Elektrik	16.642
Gübre	157
Sanayi	6.435
Konut	7.259
Toplam	30.493

http://www.botas.gov.tr/dogalgaz/dg_ticareti.asp

Türkiye'nin bilinen doğal gaz üretim alanları Trakya ve Güneydoğu Anadolu Bölgesi'nde bulunmaktadır. Üretimin %83'ünden fazlası Hamitabat sahasında yapılmaktadır. Ülkemizde yeni doğal gaz alanlarının bulunması ihtimali mevcuttur. Özellikle, Batı Karadeniz, Marmara ve İç Anadolu Bölgeleri muhtemel rezerv alanları olarak kabul edilmektedir. 1988 yılında, Silivri açıklarında Marmara Denizi'nde bulunan ve 1997 yılından itibaren günde 1.5 milyon m^3 miktarında bir üretim gerçekleştirilen kuzey Marmara doğal gaz sahası, bu konuda ümit vadeden önemli sahalardan biridir.

3.3. Türkiye'de Kömür

Türkiye'de taşkömürü, linyit ve asfaltit üretilerek, tüketilmektedir. Zonguldak ve çevresinde zengin olmak üzere, Batı Karadeniz Bölgesi ile Diyarbakır ve Toros dolaylarında rezervler mevcuttur. Toplam taşkömürü rezervi 1.1 milyar ton civarındadır. Zengin yerli kaynaklarımızdan biri olan linyitin başlıca havzaları; Afşin-Elbistan, Muğla, Soma, Tunçbilek, Seyitömer, Konya, Beypazarı, Sivas'tadır. Toplam linyit rezervi 8.4 milyar ton civarındadır. Linyit rezervlerimizin %68'i düşük alt ısıl değere (1000-2000 kcal/kg) sahip olup, %23.5'i 2000-3000 kcal/kg, % 5.1'i 3000-4000 kcal/kg, %3.4'ü 4000 kcal/kg üstünde ısıl değer taşımaktadır. Ayrıca Sentetik petrol üretimi için hammadde olan ve katı yakıt olarak da kullanılan asfaltit yatakları Şırnak ve Silopi civarında bulunmaktadır. Toplam rezerv 82 milyon tondur. Termik santral yakıtı olarak kullanılması planlanmaktadır. Damıtma yolu ile sentetik petrol ve gaz elde edilebilen bitümlü şistler termik santralde katı yakıt olarak kullanılabilmektedir. Beypazarı, Seyitömer, Hatıldağı/Bolu ve Himmetoğlu/Bolu sahaları önemli yataklardır. Görünür 555 milyon ton, muhtemel 1.086 milyon olmak üzere

1,6 milyar ton rezerv saptanmıştır. Isıl değeri düşüklüğü, işletilme güçlükleri ve kül oranının yüksek olması nedeniyle üretim ve tüketimi yoktur (Taflan, 2003, s.79).

2006 yılı itibariyle ülkemizde 2,17 milyon ton taş kömürü, 55,2 milyon ton linyit, 888 bin ton asfaltit üretilmiştir (ETKB, 2006). Asfaltit üretimi 1994 yılında Şırnak ve Silopi'deki terör olayları dolayısıyla hiç yapılmamış olup, 2006 yılı itibariyle en yüksek seviyesine yeniden ulaşmıştır. 2006 yılı itibariyle tüketime baktığımızda 1,94 milyon ton taş kömürü, 56,6 milyon ton linyit ve 738 bin ton asfaltit tüketilmiştir (Bkz. Ek-9).

3.4. Türkiye'de Bor

Dünyada birkaç ülkede bulunan, yapılan çalışmalara göre yakın gelecekte petrolün alternatifi olarak görülen Bor, bazı araştırmacılara göre Türkiye için ciddi önem taşıyor. Bu çevrede hâkim olan görüş; Araplar için petrol, Ruslar için doğal gaz ne ise Türkler için de bor aynı önemdedir. Bu doğrultuda IMF'ye verilen niyet mektuplarına bile girmiş olmasından hareketle Bor'un, Türkiye için stratejik öneminden hatta Türkiye'yi ekonomik bağımlılıktan kurtaracak bir kaynak olarak görülmesinden bahsetmek yanlış olmayacaktır (Filizfidanoğlu, 2006, s.19).

1950'de Bigadiç ve 1952'de Mustafa Kemal Paşa yöresinde kolemanit (hidratlı doğal kalsiyum borat) yatakları bulunmuştur. 1956'da Kütahya Emet Kolemanit, 1961'de Eskişehir Kırka Boraks yataklarının bulunması ve işletilmeye başlanmasıyla Türkiye, dünya bor üretimi içinde 1955 yıllarında yüzde 3 olan payını 1962'de yüzde 15 ve 1977'de yüzde 39 düzeyine yükseltmiştir. Türkiye, ABD ve Rusya dünyadaki önemli bor yataklarının bulunduğu ülkelerdir. Dünya toplam bor rezervi sıralamasında Türkiye yaklaşık yüzde 65'lik pay ile birinci sıradadır (Filizfidanoğlu, 2006, s.19). Tablo 3.6'da dünya bor rezervlerinin ülkelere göre dağılımı verilmiştir.

Tablo 3.6. Dünya Toplam Bor Rezervleri

Ülke	Toplam Rezerv	%
Türkiye	563.000	64
ABD	80.000	9
Rusya	100.000	11
Çin	36.000	4
Şili	41.000	4
Bolivya	15.000	2
Peru	22.000	3
Arjantin	9.000	1
Kazakistan	15.000	2
TOPLAM	885.000	100

http://www.boren.gov.tr/expin.htm#rezerv

Dünyadaki en önemli bor üreticileri Türkiye'den Eti Maden İşletmeleri Genel Müdürlüğü ve ABD'den Rio Tinto'dur. Bu iki kuruluş dünya bor üretiminin yaklaşık yüzde 70'ini gerçekleştirmektedirler. Şu anda dünya piyasasında satılan borun büyük bir bölümü Türkiye tarafından karşılanmaktadır. Bu özelliği nedeniyle Türkiye'nin bor konusunda ABD'nin en önemli rakibi haline geldiği düşünülmektedir. Türkiye bor üretiminde de dünyada birinci sıradadır. Tablo 3.7'de dünya bor üretimleri sunulmuştur.

Tablo 3.7. Dünya Toplam Bor Üretimi, 2002

Ülke	**Miktar**	**%**
ABD	520.000	34
Türkiye	630.000	40
Çin	140.000	9
Diğer	270.000	17
TOPLAM	1.560.000	100

http://www.boren.gov.tr/expin.htm#rezerv

Pazarlaması Eti Holding'in tekelinde olan bor ihracatında 2003 yılında yüzde 11 artış gerçekleşmiştir. 2002 yılında 186 milyon Dolarlık bor ihracatı yapılırken 2003 yılında bu rakam 21 milyon artışla 207 milyon Dolar'a yükselmiştir. Türkiye'nin ABD'deki Pazar payı yüzde 16'da kalırken, ihracatının büyük bölümünü Avrupa'ya gerçekleştirmektedir. Son dönemde Çin'le ihracat bağlantıları da gerçekleştirilmiştir. Eti Holding'in özelleştirme kapsamından çıkarılması ve planlı uygulamalar sonucunda kurum, daha ileri yatırımları kendi başına yapabilme yeteneğine kavuşmuştur (Çalışkan, 2004, s.9).

Tablo 3.8. ABD, Türkiye, Avrupa Birliği Ülkeleri ve Japonya'nın Bor mineralleri ve Rafine Bor Ürünleri Tüketiminin Sektörel Dağılımı

KULLANIM ALANI (%)	ABD	TÜRKİYE	AB ÜLKELERİ	JAPONYA
İzolasyon Fiberglas	46	-	14	15
Tekstil Fiberglas	18	-	20	31
Cam	7	30	7	24
Sabun, Deterjan	7	26	12	-
Tarım	4	-	-	-
Emaye, frit	4	16	23	10
Alev Geciktirici	4	-	-	-
Diğer	10	28	24	20
TOPLAM	100	100	100	100

http://www.boren.gov.tr/expin.htm#rezerv

1978 tarih ve 2172 sayılı yasa ile borla ilgili tüm faaliyetler tamamen devlet adına üretilmek, işletilmek ve pazarlanmak üzere Etibank A.Ş'nin tasarrufuna verilmiş, "devlete ait bor ruhsat sahalarının hiçbir hakkı, gerçek ve tüzel kişilere verilemez" ibaresi kullanılarak özelleştirmenin önüne geçilmiştir. Ayrıca 1982 Anayasası ile stratejik madenlerin devlet eliyle işletilmesi zorunluluğu getirilmiş, bor madenleri de stratejik madenler içinde sayılarak ve 2840 sayılı yasanın 2. maddesinde, "Bor madenlerinin aranması ve işletilmesi devlet eliyle yapılır" hükmüne yer verilerek devlet tekeline alınmıştır. Fakat çok uluslu şirketlerin de etkisiyle Aralık 2000'de Eti Holding A.Ş özelleştirme kapsamına alınmıştır (Filizfidanoğlu, 2006, s.19). Hatta Etibank özelleştirilmiştir. Özelleştirilmesinin üzerinden 2 yıl geçtikten sonra devletin el koymak zorunda kaldığı Etibank batık olarak devralınmıştır (Cumhuriyet, 17 Şubat 2001, s.4).

Etibank A.Ş. Temmuz 2001'de özelleştirme kapsamından çıkarılmıştır. Ancak özelleştirilmesi hâlâ zaman zaman gündeme gelmektedir. Bütün özelleştirmelerde olduğu gibi, özellikle stratejik öneme sahip olan bor madenlerinin işletmesini yürüten Eti Bor A.Ş'nin de özelleştirilmek istenmesi ve böyle önemli bir madenin devlet elinden çıkarılmaya çalışılması suretiyle Türkiye'nin dünya bor pazarındaki etkinliğinin kırılmaya çalışıldığı düşünülmektedir. ABD'nin petrolde olduğu gibi kendi rezervlerini saklı tutup, Türkiye'den bor alması ve bunu işleyerek 3 misline tekrar Türkiye'ye satması bu bağlamda ele alınması gereken bir konulardan biridir (Filizfidanoğlu, 2006, s.19).

Tablo 3.9. Türkiye ve ABD'nin Bor Ürünü İhracatı (Bin ton)

	2000		2001		2002		2003	
	ABD	**TR**	**ABD**	**TR**	**ABD**	**TR**	**ABD**	**TR**
Cevher	32.5	579.4	30.1	515.8	5	399.3	23	471
Borik Asit	119	64.3	86.2	78.3	87	74.6	79	78
Boraksiar + Perborat	452.5	276.9	267.9	282.4	153	288.1	142	320

http://www.boren.gov.tr/expin.htm#rezerv

Görüldüğü gibi Türkiye bor ihracatında ABD'nin en büyük rakibidir. Türkiye'nin hâlâ keşfedilmemiş bor rezervleri olduğu düşünüldüğünde ve enerjide dışa bağımlı olduğumuz hatırlandığında, bor gibi stratejik öneme sahip kaynakların devlet elinden çıkarılmaması, özelleştirilerek kişi ve kurum çıkarlarına terk edilmemesi gerekmektedir.

3.5. Türkiye'de Nükleer Enerji

Atom çekirdeklerinin parçalanması sonucunda büyük bir enerji açığa çıkmaktadır. Ağır atom çekirdeklerinin nötronlarla bombardımanı sonucunda bu çekirdeklerin parçalanması sağlanabilir; bu tepkimeye "fisyon" adı verilmektedir. Her bir parçalanma tepkimesi sonucunda açığa fisyon ürünleri, enerji ve 2-3 adet de nötron çıkmaktadır. Uygun şekilde tasarlanan bir sistemde tepkime sonucu açığa çıkan nötronlar da kullanılarak parçalanma tepkimesinin sürekliliği sağlanabilir (zincirleme tepkime). Bunun haricinde hafif atom çekirdeklerinin birleşme tepkimeleri de büyük bir enerjinin açığa çıkmasına sebep olmaktadır. Bu birleşme tepkimesine "füzyon" adı verilmektedir. Çok yüksek sıcaklıkta yüksek enerjiye ulaşan atom çekirdeklerinin çarpışması ile füzyon tepkimesi sağlanabilmektedir. Fisyon ve Füzyon tepkimeleri ile elde edilen enerjiye "çekirdek enerjisi" veya "nükleer enerji" adı verilmektedir (Altın, 2004, s.4).

Nükleer reaktörler nükleer enerjiyi elektrik enerjisine dönüştüren sistemlerdir. Temel olarak fisyon sonucu açığa çıkan nükleer enerji nükleer yakıt ve diğer malzemeler içerisinde ısı enerjisine dönüşür. Bu ısı enerjisi bir soğutucu vasıtasıyla çekilerek bazı sistemlerde doğrudan bazı sistemlerde ise ısı enerjisini başka bir taşıyıcı ortama aktararak türbin sisteminde kinetik enerjiye ve daha sonra da jeneratör sisteminde elektrik enerjisine dönüştürülür. Malzemelerin çok çeşitli fiziksel, kimyasal ve nükleer özellikleri sebebiyle pek çok değişik nükleer reaktör tasarımı mevcuttur (TAEK, Nükleer Elektrik…,, 2007).

Nükleer santrallerden ticari olarak elektrik üretimi 1950'li yıllarda başladı. Halen (Mart 2007 itibarıyla) dünyada 31 ülkede ticari olarak işletilmekte olan 435 nükleer reaktörün toplam kapasitesi yaklaşık 370 GWe'tir. Nükleer güç dünya elektrik talebinin yaklaşık %16'sını karşılamaktadır (Bkz, Ek-11). Nükleer enerjiye dayalı sistemler, fosil kaynaklı enerji üretim sistemlerinin neden olduğu sera gazı emisyonuna neden olmamaktadır. Bu nedenle, global ısınma ve iklim değişikliğine neden olan CO_2 emisyonunun azaltılmasında, diğer yenilenebilir kaynakların yanında, önemli bir seçenektir. Ayrıca, azot oksitleri ve sülfür oksitleri salmadığı için asit yağmurlarına neden olmamaktadır. (http://www.enerji.gov.tr/nukleerenerji.htm, Haziran 2007)

Nükleer teknoloji karşılaştığı kazalar nedeniyle, başlangıçta planlanan şekilde çalışamamıştır. Son yıllarda hızlanan ve radikal bir iklim değişikliği tehdidini yakınlaştıran küresel ısınmanın, fosil yakıt kullanımından kaynaklandığını gösteren kanıtların çoğalması, ülkemizin gündeminden çıkmış görünen nükleer enerjinin yararları ve zararları konusundaki tartışmaları yeniden dünya gündemine taşımıştır. ABD'nin endişelerininse nükleer enerjinin çevre ve iklim konusundaki olumlu ya da olumsuz etkilerinden çok, Kuzey Kore'nin ardından İran ve başka bazı ülkelerin de barışçı nükleer enerji programları maskesi altında atom silahları geliştirdikleri kuşkusu ve bu silahların bir gün teröristlerin eline geçmesi olasılığından kaynaklanmaktadır. Bütün bunlara karşın, OECD ülkelerinin Kyoto Protokolü yükümlülüklerini yerine getirmeye karar vermeleri halinde üzerinde durulması gereken en önemli seçeneklerden biri gibi durmaktadır (Altın, 2004, s.7).

Sadece komşularımızdaki duruma baktığımızda bile nükleer enerji kullanmamızın gerekliliği ortaya çıkmaktadır. Türkiye'nin sınır komşuları ile yakın çevre ülkelerinin tümü nükleer teknolojide bir hayli gelişmiş durumdadırlar. Güneyimizde en stratejik komşumuz İsrail'in büyük bir araştırma reaktörü ile nükleer teknoloji alanında ileri atılımlar yaptığı ve nükleer teknolojiye tam olarak sahip olduğu bilinmektedir. Doğumuzda İran zengin petrol ve doğal gaz yataklarına rağmen hızla nükleer enerji programlarını gerçekleştirme yolunda kararlı bir şekilde ilerlemektedir. Batı'da stratejik önemdeki komşumuz yoğun uranyum rezervlerine sahiptir ve yeni uranyum kaynaklarının araştırılması da yoğun bir biçimde sürmektedir. Komşumuz Bulgaristan'da 6 adet Rus reaktörü uzun yıllardır çalışmaktadır. Romanya 707 MWe gücünde reaktörünü işletmeye açmıştır. Ermenistan'da deprem kuşağında güvenli olmayan 2 adet Rus tipi reaktör senelerdir çalışmaktadır. Görüldüğü gibi sınır komşularımız zengin yer altı kaynaklarına ya da güçlü ekonomilerine karşın nükleer enerji alanında politik, stratejik, ekonomik ve teknik açıdan bizden ilerdedirler (KAKAÇ, 2006, s.11).

Bu sebeple planlı bir nükleer enerji programı hayata geçirilmelidir. Nükleer enerji kullanmamızın başlıca sebepleri şunlardır;

1. Elektrik üretiminin sürekliliği yönünden, nükleer santraller, termik ve hidroelektrik santrallere göre daha güvenli ve istikrarlıdır.

2. Günümüzde elektrik enerjisi üretimi için artan bir hızda kullanılmaya başlayan gaz santrallerinin da toplam enerji üretimindeki yüzdesinin belli bir oranı geçmesi stratejik olarak ülke çıkarlarıyla bağdaşmayacaktır.

3. Hâlihazırda, Türkiye'nin olası bir gaz kesintisi riskini ve gaz kullanarak elde edilen enerjinin üretilen enerji ile karşılanamayacağını (Gaz depolama kapasitesi ise 1996 yılında 8 günlük tüketimi karşılayabiliyordu) göz önünde bulundurduğumuzda, nükleer enerji sayesinde bu risk büyük oranda azaltılabilecektir.

4. Toryum madeninin nükleer santrallerde yerli rezerv olarak kullanıldığında, ülke enerji gereksiniminin karşılanmasında çok ciddi bir alternatif olabileceği düşünülmelidir. (TAEK, Görüşler..., Haziran 2007,).

3.6. Türkiye'de Yenilenebilir Enerji Kaynakları

3.6.1. Hidroelektrik Enerji

Elektrik enerjisi üretmek amacıyla mevcut akarsuların potansiyel enerjisinden faydalanılmak suretiyle elde edilen hidrolik enerji ülkemizde önemli bir kaynak olarak değerlendirilmektedir. Türkiye brüt hidroelektrik potansiyeli 430 milyar kWh/yıl olmasına rağmen üretilen hidroelektrik 125 Milyar kWh/yıl olup, potansiyelimizin %30'u değerlendirilmiştir (Taflan, 2003, s.92). Mevcut ekonomik potansiyel ile Türkiye Avrupa'da ikinci sıradadır.

3.6.2. Jeotermal Enerji

Jeotermal enerji, yerkürenin iç ısısına denir ve bu ısı merkezdeki sıcak bölgeden yeryüzüne doğru yayılır. Jeotermal enerji kaynakları sıcaklıklarına bağlı olarak başta elektrik üretimi olmak üzere, ağırlıklı olarak ısıtmada (konut, sera, termal tesis ısıtması), endüstriyel uygulamalar, termal turizm-tedavi ve kültür balıkçılığında kullanılmaktadır. Türkiye'de bilinen 1000 dolayında sıcak su ve mineralli su kaynağı ile jeotermal kuyu mevcuttur. Sıcaklığı 40°C'nin üzerinde olan jeotermal sahaların sayısı ise 170'dir. Bunların 11 tanesi yüksek sıcaklıklı saha olup elektrik üretimine uygundur (EİE, Türkiye'de Jeotermal..., 2007).

Türkiye'de elektrik üretimine uygun jeotermal alanlardan sadece Denizli-Kızıldere Sahasında 20 MW gücünde santral kurulmuş olup 12 MW elektrik üretimi yapılmaktadır. Türkiye'nin muhtemel jeotermal ısı potansiyeli 31500 MWt olarak tahmin edilmektedir. 2005 yılı sonu itibariyle MTA tarafından yapılan jeotermal sondajlara göre muhtemel potansiyelin 2924 MWt'ı görünür potansiyel olarak kesinleştirilmiştir. Türkiye'deki doğal sıcak su çıkışlarının 600 MWt olan potansiyeli de bu rakama dâhil edildiğinde toplam görünür jeotermal potansiyel 3524 MWt ulaşmaktadır (MTA, 2007). Dünyada jeotermal zenginliği ile yedinci sırada yer alan Türkiye, jeotermal potansiyeli ile toplam elektrik enerjisi ihtiyacının %5'ine kadar, ısıtmada ısı enerjisi ihtiyacının %30'una kadar karşılayabilecektir. Bunların ağırlık ortalaması alındığında Türkiye enerji (elektrik + ısı enerjisi) ihtiyacının %14'ünü karşılama potansiyeline sahiptir. Toplam jeotermal potansiyelimizin (2000 MWe, 31500 MWt) elektrik üretimi, şehir ısıtma, soğutma, sera ısıtma, termal tesis ısıtma, kaplıca kullanımı, kimyasal maddeler üretimi, sanayide kullanım vb uygulamalarda tam değerlendirilmesi ile sağlanacak hedef yıllık net yurtiçi katma değer 20 Milyar USD civarındadır (EİE, Türkiye'de Jeotermal..., 2007).

3.6.3. Güneş Enerjisi

Ülkemiz, coğrafi konumu nedeniyle sahip olduğu güneş enerjisi potansiyeli açısından birçok ülkeye göre şanslı durumdadır. Türkiye'nin yıllık güneşlenme süresi 2640 saat (yılın yaklaşık %30'u) olup, ülkemiz üzerine yılda 80 Mtep güneş enerjisi düşmektedir. Türkiye'de ağırlıklı olarak güneş enerjisinden sıcak su elde edilmesinde yararlanılmakta, 287 Btep/yıl değerinde enerji güneş kolektörleri ile elde edilmektedir. Güneşten, bir MW/yıl değerinde, çok az bir miktarda elektrik üretilmektedir. Ülkemizde halen 3 milyon m^2 kurulu kollektör alanı ile güneşli su ısıtıcılarından 290 Btep enerji üretilmektedir. Söz konusu enerji miktarının 2010 yılında 431 Btep, 2020 yılında ise 828 Btep olması beklenmektedir (EİE, Türkiye'de Güneş..., 2007).

3.6.4. Rüzgâr Enerjisi

Türkiye dünya üzerindeki rüzgâr gücü yüksek ilk %30 alan içindedir. Türkiye'nin potansiyeline yönelik "Türkiye Rüzgâr Atlası" projesi tamamlanmıştır. Elektrik üretmeye uygun, rüzgâr potansiyeli yüksek bölgeler Marmara, Ege ve Akdeniz kıyılarıdır. Türkiye rüzgâr enerjisi toplam teknik potansiyeli 88000 MW'tır. Rüzgâr enerjisi santralleri şebekeye bağlı olmayan (bireysel - 40-300 W) ve şebekeye bağlı (rüzgâr tarlaları - 700-1000 kW) olarak iki şekilde uygulanmaktadır. Bireysel türbinlerde elde edilen elektrik akülerde depolanabilir veya diğer kaynaklarla kombine olarak (güneş, sıvı yakıtlar gibi) kullanılabilir. MED 2010 projesi ile Akdeniz Ülkeleri'nde (AB'ye üye Akdeniz Ülkeleri ve Güney Akdeniz Ülkeleri) rüzgâr ve güneşten elde edilecek elektrik enerjisinin Avrupa Birliği ülkelerine büyük ölçekli entegrasyonunu sağlama yolları araştırılmıştır. Yapılması planlanan entegrasyon ile Avrupa Birliği Komisyonu'nun yenilenebilir enerji konusundaki 2010 yılı için %12'lik yenilenebilir enerji kullanımı ve Kyoto Protokolü'nün Avrupa Birliği Ülkeleri'nde 2010 yılında CO2 emisyonlarının 1990 yılı baz alınarak %8 azaltılması hedeflerine ulaşılması sağlanacaktır (EİE, Rüzgar..., 2007).

3.6.5. Biokütle Enerjisi

Yenilenebilir biyokütle ve biyokütleden elde edilen yakıtlar çevresel fayda sağlaması sebebiyle günümüz enerji kullanımında kolaylıkla fosil yakıtların yerine geçebilecek potansiyele sahiptir. Biyokütlenin gazlaştırılması; katı yakıtların ısıl çevrim teknolojisiyle yanabilen bir gaza dönüştürülmesi işlemidir. Biyoyakıtların (biyogaz, biyoetanol ve biyomotorin vb.) ülkemizde uygulanır olması için gerekli potansiyel, bilgi birikimi ve alt yapı mevcuttur. Türkiye sadece odun, bitki ve hayvan atık artıklarından yakacak olarak ısınma ve pişirmede yararlanmakta ve maalesef dünyadaki modern biyokütle kullanım eğiliminin dışında kalmaktadır. Türkiye'nin hayvansal ve bitkisel artık miktarı 10.3 Mtep değerinde olup, bu değer ülkemiz enerji tüketiminin % 13'üne karşılık gelmektedir. Biyokütle kaynaklarının sağlanması fosil kaynak sağlanmasından daha pahalıdır. Fakat biyokütle yenilenebilir bir kaynak olmasıyla tükenmekte olan fosil yakıtların yanında sürdürülebilir global enerjinin önemli bir unsurudur (EİE, Biyokütle..., 2007).

3.6.6. Hidrojen Enerjisi

1 kg hidrojen 2.1 kg doğal gaz veya 2.8 kg petrolün sahip olduğu enerjiye sahiptir. Ancak birim enerji başına hacmi yüksektir. Hidrojen doğada serbest halde bulunmaz, bileşikler halinde bulunur. En çok bilinen bileşiği ise sudur. Isı ve patlama enerjisi gerektiren her alanda kullanımı temiz ve kolay olan hidrojenin yakıt olarak kullanıldığı enerji sistemlerinde, atmosfere atılan ürün sadece su ve/veya su buharı olmaktadır. Hidrojen petrol yakıtlarına göre ortalama 1.33 kat daha verimli bir yakıttır. Hidrojenden enerji elde edilmesi esnasında su buharı dışında çevreyi kirletici ve sera etkisini artırıcı hiçbir gaz ve zararlı kimyasal madde üretimi söz konusu değildir. Hidrojen gazı farklı yöntemlerle elde edildiği gibi su, güneş enerjisi veya onun türevleri olarak kabul edilen rüzgâr, dalga ve biokütle ile de üretilebilmektedir. Araştırmalar, mevcut koşullarda hidrojenin diğer yakıtlardan yaklaşık üç kat pahalı olduğunu ve yaygın bir enerji kaynağı olarak kullanımının hidrojen üretiminde maliyet düşürücü teknolojik gelişmelere bağlı olacağını göstermektedir. Bununla birlikte, günlük veya mevsimlik periyotlarda oluşan ihtiyaç fazlası elektrik enerjisinin hidrojen olarak depolanması günümüz için de geçerli bir alternatif olarak değerlendirilebilir (EİE, Hidrojen..., 2007).

Görüldüğü gibi Türkiye petrol ve doğal gazda dışa bağımlıdır ve alternatif enerji kaynaklarını yeterince kullanmamaktadır. Her yıl milyarlarca Dolar enerji ithalatı için harcanmaktadır. Oysa bu enerji açığının bir kısmını kendi kaynaklarıyla karşılama potansiyeline sahiptir.

Bu sebeple Türkiye bir yandan coğrafyası gereği enerji terminali olmak için politikalarını oluştururken, bir yandan da kendi enerji gereksinimini yerli kaynaklardan karşılamak için politika geliştirmelidir. Gelişmekte olan ülkeler arasında olan Türkiye'nin enerji ihtiyacı önümüzdeki yıllarda artmaya devam edecektir. Bu yüzden milletin yararına milli bir enerji politikası oluşturmalıdır.

4.TÜRKİYE'NİN ENERJİ ÜZERİNE POLİTİKASI

SSCB'nin 1991 yılından itibaren dağılması sonucu, en az 200 yıldan beri Kafkaslardan Türkiye'ye yönelen tehdit yerini belirsizlik ve risklere bırakmıştır. Bu oluşum bir ölçüde NATO'nun varlığının ve Türkiye'nin NATO içerisindeki öneminin tartışılmasına yol açmış, Türkiye'nin konumunun artık soğuk savaş dönemindeki kadar önemli olmadığı düşünülmeye başlanmıştı (Yüce, 2006, s.215). Ancak diğer taraftan bölgede bağımsızlıklarını kazanan yeni ülkelerin Türkiye ile olan tarihsel ve kültürel yakınlıkları nedeniyle Türkiye'ye bölgede yepyeni bir jeostratejik önem kazandırmıştır. Sovyetler Birliği döneminde petrol ve doğal gaz Hazar bölgesinden direk olarak Rusya'ya taşınıyorken, şimdi bağımsızlığını kazanmış Azerbaycan, Türkmenistan ve Kazakistan, büyük enerji şirketlerinin de bölgeye girmesiyle, bir yandan petrol ve doğal gaz üretimlerini arttırmaya çalışırken bir yandan da bu enerji kaynaklarını taşıyabilecekleri güzergâhları çeşitlendirmeye çalışmaktadırlar (Altuntaş, 2003, s.92). Böylece enerji zengini Hazar bölgesi ülkelerinin hem Batı ile ilişki kurabilmeleri hem de kaynakların enerji ihtiyacının yüksek olduğu Batıya taşınması için bir köprü özelliği taşıyan Türkiye'nin jeostratejik önemi her geçen gün artmaya başlamıştır.

Sovyetler Birliğinin mirasçısı konumundaki Rusya Federasyonu da "Arka Bahçem" diyerek ilgisini açıkça ortaya koyduğu bu yeni cumhuriyetler üzerinde yeniden etkinlik kurabilmek maksadıyla askeri tedbirler dâhil her yolu denemektedir. Hazar bölgesinden çıkan petrolü kontrol etmek suretiyle hem Batı ülkelerinin bölgedeki etkinliğine engel olmak, hem de petrol vanalarını elde bulundurarak bu ülkeler üzerinde baskı aracı olabilecek stratejik bir koz elde etmek Rusya Federasyonu'nun temel politikasıdır. Bu nedenle bölge çok taraflı bir mücadele alanı haline gelmiştir. Bu mücadele alanında Rusya'dan başka, enerji ihtiyacı her geçen gün artan ve bunu en yakın olarak Hazar bölgesinden karşılamak isteyen Çin, bölgeyle coğrafi ve dini yakınlığı olan İran yer almakta ve bölgeye tarihi, milli, dini ve kültürel yakınlığı olan Türkiye'ye önemli engel teşkil etmektedirler (Yalçınkaya, 1998, s.89).

Hazar bölgesinden olduğu kadar, Rusya, Mısır, İran gibi ülkelerden de boru hatları ile petrol veya gaz almaya yönelen Türkiye, göründüğünden çok daha fazla, uluslararası büyük şirketlerin ve onların ülke içindeki ortaklarının mücadelesine sahne olmaktadır. Bu nedenle de başta Bakü-Ceyhan olmak üzere milyarlarca Dolarlık yatırım gerektiren projelere yalnızca resmi açıklamalardaki ya da medyadaki boyutuyla bakmayıp, perde arkasına da uzanabilmek ülke açısından yararlı olacaktır.

Türkiye süratle gelişen ve enerji ihtiyacı hızla artan bir ülkedir. Bu nedenle enerji ihtiyacını karşılarken, doğal olarak arz kaynaklarını çeşitlendirmek durumundadır. Bu kapsamda başta Hazar bölgesi olmak üzere eski SSCB coğrafyasında bulunan enerji rezervlerinin geliştirilmesinde ve alternatif güzergâhlara yönelik çalışmalarda aktif rol üstlenilmektedir. Kafkasya ve Orta Asya ülkeleri arasında kapsamlı bir işbirliği anlayışının gelişmesinin bölgedeki ülkelerin bağımsızlıklarını ve kalkınmalarını pekiştirmelerinde son derece önemli olacağına ve bu ülkelerin birbirlerine yönelik ekonomik bağımlılıklarını artırıcı politikaların bölgesel barış ve istikrar üzerinde olumlu etki yaratacağına inanılmaktadır. Bu çerçevede, Kafkasya ve Orta Asya ülkelerinin ekonomik kalkınmalarının özellikle kısa vadede, hidrokarbon rezervlerinin işletilmesi ve Batı pazarlarına ulaştırılmasına bağlı olduğu düşünülmektedir. Söz konusu ülkeler ile tarihten gelen bağların yanı sıra jeostratejik bir öneme sahip ülkemizin, enerji zengini Hazar ve Orta Doğu bölgeleri ile Avrupa arasında bir köprü teşkil etmesi, ayrıca kendi ihtiyaçlarını da farklı kaynaklardan karşılaması hedeflenmiştir.

Avrasya bölgesindeki yeni oluşumlara cevap verebilmek için Doğu-Batı Enerji Koridoru Projesi geliştirilmiştir. Bu proje Trans-Hazar ve Trans-Kafkasya petrol ve doğal gaz hatlarının yapımına dayanmaktadır. Koridor, özünde Kafkasya ve Orta Asya ülkelerinin enerji kaynaklarının Batı pazarlarına güvenli ve çeşitli kaynaklardan ulaştırılmasını öngörmektedir. Türkiye'yi bir enerji köprüsü ve terminali yapmaya yönelik bu çabalar ışığında, Bakü-Ceyhan petrol boru hattı projesi, Türkmenistan-İran-Türkiye-Avrupa Doğal Gaz Boru Hattı Anlaşması, Ukrayna ile imzalanan Ceyhan-Samsun Petrol Boru Hattı Anlaşması ve Rus doğal gazının Türkiye'ye ve Türkiye üzerinden Ortadoğu'ya sevkine ilişkin projeler sayılabilir. Bu sayede bölge ülkelerinin ekonomik bağımsızlıklarına yardımcı olunması ve siyasi bağımsızlıklarının pekiştirilmesi hedeflenmektedir. Türkiye'nin bölgedeki enerji stratejisi dışlayıcı değil, işbirliğine dayalı bir politikaya dayanmaktadır. Söz konusu işbirliği karşılıklı bağımlılık yaratarak bölgenin istikrarına, ülkelerin kalkınmasına ve halkların refaha kavuşmasına imkân tanıyacaktır.

TBMM Başkanı Bülent Arınç'ın 9 Mayıs 2006'da İsveç Parlamentosu'na hitaben yaptıkları konuşmada "Giderek daha fazla önem kazanan enerji, ulaşım ve iletişim ağlarının birleştiği bir noktada bulunan Türkiye, Hazar havzasını Avrupa'ya bağlayan önemli bir enerji terminali olma yolundadır. Bu yeni rolün, hem Türkiye hem de AB için geniş siyasi ve ekonomik yansımalarının olması kaçınılmaz görünmektedir. Enerji güvenliği ve kaynak çeşitliliğinin Avrupa için bir endişe unsuru olmayı sürdürdüğü mevcut uluslararası ortam, Avrasya enerji ekseninde Türkiye'nin kilit ülke olarak önemini daha da ön plana çıkarmıştır." diyerek Türkiye'nin politikasını belirtmiştir (ARINÇ, 2006). Ancak şu zamana kadar bu politikanın kararlılıkla hayata geçirildiği söylenemez. Çünkü Türkiye milli bir politika yerine her hükümet döneminde değişen bir enerji politikası uygulamaktadır.

4.1. Petrol Üzerine Politikası

Misak-ı Milli sınırlarımız içinde kabul ettiğimiz Musul ve Kerkük'ü Lozan'dan sonra yapılan görüşmelerde İngiliz yönetimine terk etmek zorunda bırakılmıştık. 1926 anlaşmasına göre İngiliz Irak'ı, Musul üzerindeki haklarından vazgeçen Türkiye'ye 25 yıl süre ile petrolden alacağı aidatın %10'unu verecekti (Giritli, 1978, s.95).

Yine aynı yıl içerisinde 796 sayılı petrol kanunu kabul edilerek Türkiye sınırları dâhilinde jeolojik araştırmalar yapılmış, 1933'te Petrol Arama ve İşletme İdaresi kurulmuş olup ilk ciddi sondaj ve arama faaliyetleri bu dönemde başlamıştır. 1935'te çıkarılan bir başka kanunla Maden Tetkik Arama Enstitüsü kurulunca, Petrol Arama ve İşletme İdaresi bu enstitünün bünyesine katılmıştır (Çebi, 2004). Böylece MTA, Demokrat Parti dönemine kadar petrol arama çalışmalarına devam etmiştir. 1954'te çıkartılan 6326 sayılı petrol kanunu ile yabancı şirketlerin Türkiye'de petrol aramalarına izin verilmiş, 1957 yılında kanunda yapılan değişiklik ile rafineri kurma hakkı da verilmiştir. 6327 sayılı başka bir kanun ile petrol kanununu uygulamak için Türk Petrolleri Anonim Ortaklığı kurulmuştur. Ancak ilginç olan bu yasa ile TPAO'ya yıllık 10 sondaj kuyusu açmaya izin verilmişti. Böylece TPAO kurulduğu 1954 yılından 1997 yılına kadar sadece 54,3 milyon ton petrol üretebilmiştir. Türkiye'nin petrol tüketiminin yıllık 28 milyon ton olduğu düşünülürse TPAO 43 yıl içinde ülkenin sadece 2 yıllık ihtiyacını karşılamıştır. 1980 sonrasında Enerji Bakanı Serbülent Bingöl 6326 sayılı kanunun 10 sondaj açma sınırlamasını kaldırdı. Ayrıca arama yapacak yabancı şirketlere karada buldukları rezervlerin %35'i, denizde bulduklarınınsa %45'i verilmeye başlandı (Çebi, 2004).

Yurt içinde çalışma yapan TPAO 1993 yılından sonra yurt dışında da yatırım yapmaya başlamıştır. Bu tarihten itibaren yurt dışında 870 milyon Dolarlık yatırım yapılmış olup bu yatırımın 300 milyon Doları geri dönmüştür. Oysa 1995 - 1999 yılları arasında TPAO'nun yurt içinde yaptığı yatırım sadece 7 milyon Dolar seviyesinde kalmıştır (Çebi, 2004). Küçük bir hesapla Türkiye'nin 570 milyon Dolar zarara uğradığı ortadadır. Oysa bu paranın bir kısmı Türkiye'de arama çalışmaları yapmak için kullanılabilirdi. Kimilerine göre Türkiye petrol denizi üzerinde yüzüyor, kimilerine göre ise Türkiye'de hiç petrol yok. Bazı verileri değerlendirdiğimizde gerçekten Türkiye'de petrol ve doğal gaz olabileceği açıktır.

4.1.1.Güneydoğu Anadolu Bölgesinin Önemi

"O gün Rab Abramla ahd edip dedi: Mısır ırmağından büyük ırmağa, Fırat ırmağına kadar senin zürriyetine verdim." (Tekvin, 15/18)

Türkiye'nin bulunduğu coğrafyada tüm komşularında özellikle Azerbaycan, İran, Irak ve Suriye'de petrol ve doğal gaz bulunmaktadır.

Tüm bu rezervlerin keskin bir çizgiyle Türkiye sınırında bittiğine inanmak zordur. Ayrıca Güneydoğu Anadolu Bölgesi Arap yarım adasının devamı niteliğindedir. Bu bölgede petrol olma ihtimali yüksektir. Ayrıca Güneydoğu Anadolu Bölgesi'nin sınırlarına döşenen mayınların temizlenmesi ve bu arazilerin kullanım hakkının 49 yıllığına işi yapan kişilere verilmesi için açılan ihaleye İsrail'in girmek istemesi, buna Genelkurmay Başkanlığı'nın itiraz etmesi; Cudi Dağı'nda senelerdir İsrailli ve Amerikalı bilim adamlarının Nuh'un gemisini aramaları gibi olaylar akla "Acaba?" sorusunu getirmektedir. Suriye'nin petrol üretim sahalarının bir bölümü sınırımızın çok yakınındadır. Nusaybin - Cizre arasında 40 km uzunluğunda ve 500 metre genişliğindeki söz konusu mayınlı arazide TPAO'nun girişimleriyle açılan kuyuda petrol bulunmuş, bu sahanın her 100 metresinde kuyu açılıp petrol bulunacağı kanıtlanmıştır. Bulunan petrolün kalitesi düşük, çıkarılma maliyeti yüksek olsa da günümüz şartlarında sürekli artan petrol fiyatları bu bölgeyi cazip hale getirmektedir (Külebi, Petrol sektörü..., 2006, s.6). Nitekim bu bölge Kuzey Irak'ta zengin petrol yataklarını da kapsayacak şekilde kurulmak istenen Kürdistan'ın bir sonraki ayağıdır ve birçok ülkenin haritalarında burası Kürdistan olarak gösterilmektedir. Bu planın ikinci ayağının Türkiye'nin Güneydoğu Anadolu Bölgesi olması bu bölgede petrol olduğunu destekleyen başka bir unsurdur.

Kuzey Irak'ta kurulmak istenen Kürdistan Devleti'nin amacı Kürtlerin bir devleti olması değildir. Asıl amaç İsrail'in korunması için güvenli bölge oluşturulması; Türkiye, İran, Irak, Suriye sınırının kontrol edilmesi; kuzeyinden geçecek Avrasya petrolleri ile güneyindeki Ortadoğu petrollerinin stratejik konuma sahip ABD güdümlü Kürt devleti ile kontrol edilmesidir (Gül ve Gül, 1995, s.80).

Buna ek olarak, İsrail'in güvenliğinin sağlanması için bölgede ihtiyaç duyduğu şey ya Müslüman olmayan ya da Arap olmayan bir devlettir. Ortadoğu'da gayri Müslimlerin azınlıkta olduğu düşünüldüğünde Kürdistan Devleti'nin kurulması İsrail için hayati önemi haizdir.

Nitekim bu devletin ilk adımı ABD tarafından Irak meclisinde çıkarttırılan 8 Mart 2004 tarihli Geçiş Dönemi Yönetim Yasasının 53/A maddesinde mevcuttur ve bu madde Irak Anayasası yürürlüğe girdikten sonra da geçerli olacaktır. Bu maddeye göre Dohuk, Erbil, Süleymaniye, Kerkük, Diyala ve Neneveh illerinden oluşan toprakların resmi hükümeti olarak Kürdistan Bölgesel Hükümeti tanımlanmaktadır (Çaycı, 2006, s.52).

Ancak kurulacak Kürdistan'ın denize sınırı olmadığı sürece yaşama şansı yoktur. Kürdistan'ın denize açılma senaryosu daha önce Karadeniz Bölgesi üzerinden denenmiş ancak bölge halkından istenilen destek bulunamamış, hatta terör örgütü üyeleri yakalanıp köylüler tarafından Jandarma'ya teslim edilmiştir. Diğer bir muhtemel denize açılma güzergâhı Suriye'nin kuzeyidir. Suriye'nin kuzeyinde petrol yataklarının olduğu, bu bölgede yaklaşık 1,5 milyon Suriyeli Kürdün olduğu ve 2004 yılının Mart ayı içinde Kamışlı'da bir futbol maçı sonrasında buradaki Kürtlerin Araplarla çatışıp ayaklandığı hatırlanırsa (Orhan, 2005, s.21), kurulması istenen Büyük Kürdistan'ın hem petrol rezervleri Suriye'nin kuzeyindeki, Musul - Kerkük'teki ve Güneydoğu Anadolu Bölgesi'ndeki petrolle muazzam boyutlara ulaşacak hem de bu petrol yataklarının pazarlara ulaştırılması için izlenecek yol sorunu ortadan kalkacak, büyük Kürdistan'ın sınırları Suriye kuzeyinden Akdeniz'e kadar uzanıp denize kıyısı olacaktır (Kaynak ve Gürses, 2006). Eğer Kürdistan kurulursa şüphesiz bu işten ABD'den sonra en büyük çıkar İsrail'e aittir. Çünkü bu sayede İsrail, İran'a karşı bir tampon bölge oluşturacak ve Ortadoğu ülkelerinden sağlamakta zorluk çektiği petrolü Kürdistan'dan ucuz ve güvenilir bir şekilde sağlayabilecektir. Ayrıca vadedilmiş topraklara bir adım daha yakınlaşmış olacaktır.

Vadedilmiş topraklarda kurulacak İsrail'in yaşayabilmesi için iki şey ihtiyacı vardır. Birincisi enerji, ikincisi sudur. Enerji üzerine planlar yapan İsrail ve ABD elbette su üzerine de planlar yapmaktadırlar. Suriye'nin Golan Tepeleri hâlihazırda İsrail'in işgali altındadır. Ayrıca Güneydoğu Anadolu Projesi kapsamında bu bölgeye yatırım yapanların ve toprak satın alanların çoğu gene İsraillidir.

Tüm bu bilgiler ışığında Türkiye'nin Güneydoğu Anadolu Bölgesi'nde petrol mevcuttur ve bu bölge üzerinde ileriye dönük oyunlar oynanmaktadır diyebiliriz. Ancak TPAO bu bölgeye yeterli yatırımı pahalı olduğu gerekçesiyle yapamamaktadır. Yabancı şirketlere buldukları rezervler üzerinde %35'lik işletme hakkı verilmesine rağmen onları da yeterli miktarda çekememekteyiz. Belki de kâr amaçlı çalışan bu petrol şirketleri Türkiye'ye gelmek için daha uygun bir ortamı bekliyorlardır. Özellikle yedi kız kardeş olarak adlandırılan petrol şirketlerinden beşinin Amerikan şirketi olduğu ve Amerika'da Yahudi lobisinin en güçlü lobi olduğu düşünülürse, bu şirketlerin Türkiye'ye gelmeleri için gerekli teşvik yasaları daha çıkmamış demektir.

4.1.2.TPAO'nun Bölünmesi ve TÜPRAŞ'ın Özelleştirilmesi

TPAO bünyesinde bulunan TÜPRAŞ, BOTAŞ, POAŞ, PETKİM, İPRAGAZ ve DİTAŞ Dünya Bankası ile IMF'nin yaptırımları sonucunda

TPAO ortaklığı dışına çıkarılmıştır. Petrol sektörü büyük yatırım gerektiren kârsız alanlardır. Bazı alanlarında ise büyük kârlar mevcuttur. Bu sebeple petrol sektöründe faaliyet gösteren bir şirket; arama, sondaj, üretim, boru hatları ile taşıma, rafinaj, petrokimya, dağıtım ve pazarlamadan oluşan bir birlikteliğe sahiptir. TPAO da geçmişte böyle bir yapılanma içindeydi. Zamanla TPAO'nun içinden rafinaj kısmı TÜPRAŞ, dağıtım pazarlama kısmı Petrol Ofisi, petrokimya kısmı Petkim, boru hatları BOTAŞ ile ayrıldı. Dolayısıyla bir bütün halinde çalışan kamu şirketimiz bölündü (Kansu, Cumhuriyet 03.02.2007 s.17). Dünyadaki yaygın uygulamanın aksine olan bu tutum nedeniyle adı geçen kurumların özelleştirilmesi için alt yapı hazırlanmış oldu. Ayrıca hazırlanan yeni petrol yasa tasarısı ile yabancı yatırımı çekmek için gerekli teşvik yapılmış, 6326 sayılı petrol kanununda yapılan değişiklik ile de bu teşvik daha da pekiştirilmiş oldu (Çebi, 2004).

Bu kanuna göre, ülkemizde petrol aramak ve üretmek için yapılan başvurularda 6326 sayılı yasanın ilk kriterlerinden biri olan "talebin milli menfaatlere uygun olması" ilkesi yasadan çıkarılarak kişi ya da kuruluşların menfaatleri ön plana çıkarılıyordu. Ayrıca 1980 sonrasında çıkarılan kanunla petrol bulan şirketlere karada buldukları petrolün %35'ini denizde bulduklarınınsa %45'ini kullanma hakkı verip geriye kalan payın ülke ihtiyacına ayrılması zorunluluğu kaldırılarak büyük petrol şirketlerine buldukları enerji kaynakları üzerinde %100'lük kullanma hakkı tanınıyordu. Hazırlanan tasarı ile "yabancı bir devlet için veya yabancı bir devlet namına hareket eden şahısların, petrol faaliyetinde bulunamayacakları, mülk edinemeyecekleri, tesis kuramayacakları" hükmü çıkarılarak, stratejik önemi bulunan bir konuda yabancı devletlerin belirleyici olması önündeki engeller kaldırılıyordu (TMMOB resmi sitesi).

Tüm bu değişiklikler özellikle bazı yabancı şirketlerin petrol vaat eden bölgelerimizde başlatacakları sondaj faaliyetleri öncesinde getirilmek istenmesi gariptir. Devletin By-Pass edildiği; devlet kuruluşlarının etkinliğinin azaltılması, bugüne kadar petrol yok diyerek kapatılan kuyulardan sürpriz petrolün yabancı şirketler tarafından bulunması ve işletilmesiyle daha anlamlı hale gelecektir (Külebi, 2005, s.17).

Oysa 26 Şubat 2007 tarihinde işgal altındaki Irak'ta da bir petrol yasa tasarısı hazırlanmıştı. Irak Petrol Yasa Tasarısı (IPYT)'nın muhtelif yerlerinde "Irak halkının azami yararını güven altına alacak", "halkın en iyi çıkarına hizmet" ve "ulusal çıkara saygı" gibi Türk Petrol Yasası'ndan çıkarılan ifadelere yer verilmiştir. Hâlbuki bu tür ifadeler eski Türk Petrol Kanun'unda mevcuttu. IPYT'nın "Devletin İştiraki" başlıklı 12'nci maddesine göre, "Irak Cumhuriyeti, Anayasa'sının 111 inci maddesine göre petrol (ve doğal gaz) kaynaklarının geliştirilmesine ve yönetimine önemli ölçüde ulusal katılımda bulunmayı hedeflemektedir" ifadesine yer verilirken böyle bir ifade yine Türk Petrol Yasası'nda yer almamıştır. Bu yasa tasarısı Cumhurbaşkanımız Sayın Ahmet Necdet Sezer tarafından ulusal çıkarlara uygun olmadığı gerekçesiyle veto edilerek meclise gönderilmiştir (http://www.ntvmsnbc.com/news/400010.asp).

Bu yasa tasarısının meclisten geçmesi için baskı kuran ya da kurdurtan petrol şirketleri TÜPRAŞ'ında özelleştirilmesi için aynı baskıyı kurmuşlardır. Türkiye'nin yıllık vergi gelirinin %20'sini gerçekleştirmiş olan, dört rafineri, beş petrokimya fabrikası, Ditaş Deniz İşletmeleri ve Tanker A.Ş.'nin %80'ine sahip TÜPRAŞ'ın hisselerinin büyük bir bölümü yine milli menfaatlere aykırı bir şekilde özelleştirildi (Erdoğan, 2006).

Mahkeme kararıyla iptal edilen bu blok hisse satışının iptal gerekçesinde kamu yararının ve ülke çıkarlarının gözetilmediği belirtilmektedir.

"Türk Milleti Adına... idarelerin özelleştirme amacıyla yapacakları ihaleleri, Anayasa ve 4046 sayılı Kanun hükümleri ile belirlenen yetki çerçevesinde, ihaleye katılacak olanların belli bir fiyat aralığı için aldıkları yetki limitlerine ve durumlarına göre değil, ihale yoluyla özelleştirilecek kamu varlığının en yüksek bedeli ile satışını sağlamak amacıyla kamu yararı ve ülke çıkarlarını gözetmek suretiyle gerçekleştirmesi gerekmektedir. Bu nedenle TÜPRAŞ ihalesine katılan şirketler ile yapılan pazarlık görüşmelerinde özelleştirilecek kamu varlığının ey yüksek bedel ile satışını sağlamak amacıyla söz konusu ihalenin pazarlık görüşmesine devam edilen teklif sahipleri ile açık arttırma yoluna da gidilerek yapılması mümkün iken, nihai teklif almak suretiyle sonuçlandırıldığı ve idarelerin özelleştirme işlemlerinde kamu kaynaklarının en verimli biçimde kullanılması ilkesi gözetilmeksizin işlem tesis edildiği anlaşıldığından, dava konusu ihale komisyonu kararı bu yönüyle de kamu yararına ve hukuka aykırıdır."

İptal kararının üzerine Maliye Bakanı Kemal Unakıtan, Danıştay'ın 1.3 milyar Dolar'a satışını iptal ettiği TÜPRAŞ'ın satışından vazgeçmediklerini, yeniden düzenleme yapılarak özelleştirmenin gerçekleşeceğini açıklamıştır (Cumhuriyet, 8.12.2004, s.13) Daha sonra Özelleştirme İdaresi Başkanlığı'nın (ÖİB) TÜPRAŞ'ın yüzde 14.76'lık hissesinin İMKB Toptan Satışlar Pazarı'nda 36 milyon 969 bin 698 adet hissesi, hisse başına 15.40 YTL'den satışa çıkarılmasına ilişkin kararını Ankara 12. İdare Mahkemesi iptal etmiş ve bu karar Danıştay tarafından onanmıştır (Cumhuriyet, 13.01.2007, s.12).

Görüldüğü gibi milli menfaatlere aykırı davranıldığı, kişi ve kuruluşların yararının ön planda tutulduğu mahkeme kararı ve cumhurbaşkanının veto gerekçesiyle ortadır. Hazırlanan yasa tasarısıyla teşvik edilmek istenen büyük petrol şirketleridir. Oysa enerji gibi dünya siyasetine yön veren bir konuda milli bir politika oluşturulması gerekirken, her hükümet döneminde değişen politikalar izlenmektedir. Refah-Yol hükümeti İran ile doğal gaz anlaşması yaparken, ANAP hükümeti zamanında Rusya ile yapılmış olan sonu beyaz enerji operasyonuna ve yüce divanda yargılanmaya kadar giden doğal gaz anlaşması, daha sonra ise yabancı petrol şirketlerini teşvik etmek için yasa tasarısı hazırlanmıştır.

Hâlbuki milli bir politika oluşturulup milli bir hedef belirlendiği takdirde neler yapılabileceği Bakü - Tiflis - Ceyhan boru hattı projesinde görülmüştür. Hatta hedefe giderken Çeçenistan'daki savaş, Gürcistan'da Eduard Şevardnadze'ye suikast girişimi, BTC güzergâhı üzerinde hızlanan PKK terörü gibi engellerle karşılaşılsa bile, sonunda gülen taraf Türkiye olmuştur (Yalçınkaya, 1998, s.48).

4.1.3. Bakü-Tiflis-Ceyhan Petrol Boru Hattı Projesinin Tarihi Gelişimi

Sovyetler Birliği dağıldıktan sonra ortaya çıkan en büyük çatışmanın yaşandığı konu, yeni kurulan bağımsız cumhuriyetlerin sahip olduğu enerji kaynaklarının taşınacağı güzergâhın belirlenmesi konusudur. Rusya enerji üzerindeki tekelini bırakmak istemezken, yeni cumhuriyetler de bağımsızlığını sağlamlaştırmak ve Rusya'dan uzaklaşmak için batılı petrol şirketleriyle anlaşmakta, inşa edilecek boru hattı güzergâhlarını Rusya haricinde başka güzergâhlardan geçirerek Rusya'ya olan bağımlılıklarını azaltmayı istemektedirler.

Bu ülkelerden biri de Birinci ve İkinci Dünya Savaşı'nda sahip olduğu enerji kaynakları yüzünden büyük devletlerin birbiriyle çatıştığı Azerbaycan'dır. Azerbaycan, Sovyetler Birliği'nden ayrılır ayrılmaz 18 Ekim 1991'de sahip olduğu petrolün çıkarımı ve işletilmesi için, bünyesinde sekiz batılı şirketi barındıran bir konsorsiyumla anlaşma imzalamıştır (Gül ve Gül, 1995, s.35) 1993 yılında çıkarılacak petrolün taşınması için bir çalışma grubu kurulmuş ve bu grup tarafından üç alternatif güzergâh belirlenmiştir. Birincisi, Rusya üzerinden olan Bakü Novorossisk, ikincisi Gürcistan üzerinden olan Bakü - Poti ve üçüncüsü ileriki yıllarda Kazak ve Türkmen petrollerinin de bağlanılması düşünüldüğü, Türkiye üzerinden geçecek Bakü - Ceyhan güzergâhıdır (Çaylı, 2002, s.96). Bu grup yaptığı çalışma sonucunda, Bakü - Ceyhan hattının tanker taşımacılığı riski, meteorolojik şartlar ve coğrafi şartlar göz önüne alındığında en ekonomik ve en risksiz hat olduğuna karar vermiş, bunun üzerine 9 Mart 1993'te Elçibey döneminde Bakü - Ceyhan Ham Petrol Boru Hattı Ön Anlaşması Azerbaycan ile imzalanmıştır. Bu hattan geçecek petrole ihtiyacı olan Batı, hattın güvenlik sorununu çözmüş, 17 Mart 1993'te PKK lideri terörist başı Öcalan önce 25 günlük daha sonra süresiz tek taraflı bir ateşkes ilan etmiştir (Gül ve Gül, 1995, s.36).

Şekil 4.1. Bakü-Tiflis-Ceyhan Boru Hattı

BOTAŞ, 2006, s.65

Tüm gelişmeler Türkiye'nin enerji köprüsü olacağı biçimde şekilleniyordu. Ancak gücünü ve dış politikasını Orta Asya ülkelerine yönlendiren ve özellikle dış politikasını petrol üzerine kuran Rusya enerji nakil hatlarının kendi topraklarından geçmesi için her türlü yola başvurmuştur (Çaylı, 2002, s.97). Azerbaycan'ın Mart ayında imzaladığı anlaşmanın sonrasında Nisan başında Ermenistan, Azerbaycan topraklarındaki işgalini Bakü - Ceyhan boru hattının geçebileceği olası güzergâhlar üzerinde olan Gürcistan ve İran sınırına doğru genişletmeye başlamış, boru hattının güvenliğini tehlikeye sokmuştur. 25 Mayıs 1993'te PKK tek taraflı ilan ettiği ateşkesi bozmuş 33 askerimizi şehit etmiştir. Böylece boru hattı güzergâhının Türkiye tarafında kalan kısmında da güvenlik problemi yaşanmaya başlamıştır (Gül ve Gül, 1995, s.38). Haziran 1993'te de Rusya karşıtı, Türkiye ve Batı yanlısı bir politika izleyen Elçibey; Surat Hüseyinov tarafından gerçekleştirilen bir darbe ile devrilmiş yerine uzun süre burada kalacak kişi Haydar Aliyev getirilmiştir (Akman, 2005, s.49).

Üç ay içinde arka arkaya yaşanan bu gelişmeler Bakü - Ceyhan boru hattıyla ilgili yaşanan tüm olumlu havayı bozmuştur. Bu gelişmelerden sonra Azerbaycan ile birlikte kendi çıkışı da kapanan Kazakistan, Rusya ile ortak taşımacılık hattına bağlı olduklarını, Kazak Boru Hattı Şirketi (CPC) ile petrolün Novorossisk üzerinden Karadeniz'e taşınacağını belirtmiştir. Bu açıklamanın ardından Türkiye boğazların petrol geçişlerine kapatılmasını şiddetle savunmaya başlamıştır (Gül ve Gül, 1995, s.40)

Rusya'nın, Novorossisk hattının Avrasya petrolleri için tek çıkış noktası olduğunu ve Bakü - Ceyhan hattının terör tehdidi altında olduğunu savunduğu dönemde Başbakan Çiller 14 Ekim 1993'te ABD'ye ziyarette bulunmuştur. Bu ziyaret sırasında görüştüğü tek özel şirket yedi kız kardeşlerden biri olan ünlü petrol şirketi CHEVRON'dur. Sovyetler Birliği dağıldıktan sonra bölgeye en büyük yatırımı yapanın CHEVRON olduğu düşünülürse bu görüşmenin sebepleri daha iyi anlaşılacaktır (Pamir, Türkiye'nin çevre..., 2006, s.4). New York'ta yapılan bu görüşme sonrasında CHEVRON Rusya ile Türkiye arasındaki boru hattı çalışma grubuna üçüncü taraf olarak katılma isteğinde olduğunu açıklarken, Avrupa'da da PKK'ya karşı operasyonlar başlatılmış, önce Almanya'da sonra Fransa'da PKK terör örgütü yasaklanmıştır (Gül ve Gül, 1995, s.44).

Hazar'da üretilecek petrolün Rusya'nın istediği gibi tek ülkeden geçmesine sıcak bakmayan ABD, bölgede çoklu boru hatlarını savunmaya başlamış böylece Türkiye'nin Bakü - Ceyhan boru hattını İran'dan geçmemesi koşuluyla desteklemeye başlamıştır (Çaylı, 2002, s.98). Verdiği her tavize rağmen Rusya'nın bölgede Ermenistan'ı desteklemeye devam etmesi, Türkiye'nin Azerbaycan'ı tanıyan ilk ülke olması, Ermenilerle yapılan savaş yüzünden Türkiye'nin Ermenistan'a olan sınır kapısını kapayarak uluslararası arenada Azerbaycan'ı desteklemesi, Aliyev'i Türkiye üzerinden batıya açılmaya ve Türkiye ile yakın ilişkiler kurmaya zorlamıştır (Akman, 2005, s.77).

Yavaş yavaş istediği desteği toplamaya başlayan Türkiye 1 Temmuz 1994 kabotaj bayramında, Karadeniz'den taşınacak petrolün boğazlardan geçişi esnasında tehlike yarattığı gerekçesiyle Boğazlar Tüzüğü'nü yürürlüğe koymuştur. Bunun üzerine Rusya, boğazları By-Pass eden Burgaz - Dedeağaç projesini öne sürdüler. Böylece Novorossisk limanında yüklenen petrol Bulgaristan'ın Burgaz Limanı'na tankerle getirildikten sonra Yunanistan'ın Dedeağaç Limanı'ndan Akdeniz'e çıkacaktı (Çaylı, 2002, s.97). Karşılıklı hamlelerin yaşandığı dönemde Rusya kendi önerdiği petrol boru hattı için stratejik önemdeki Çeçenistan'a saldırmış ancak hiç beklemediği bir direnişle karşılaşmıştır. Bu direnişin sürmesiyle Rusya'nın Bakü - Ceyhan seçeneği için iddia ettiği güvenlik sorunu bir anda ve daha ağır bir şekilde kendi seçeneği için gündeme gelmiştir (Gül ve Gül, 1995, s.61) Zaten Rusya, Türkiye'nin boğazlar konusundaki karşı çıkışlarına PKK'ya açıktan destek olarak karşılık verirken, Türkiye de Çeçenistan'ın bağımsızlığını ve direnişini gizliden desteklemiştir. Burada dikkati çeken husus Türkiye'deki terör Bakü - Ceyhan boru hattı güzergâhı üzerinde gerçekleşirken, Çeçen Direnişi de Bakü - Novorossisk hattı üzerinde gerçekleşiyordu (Yüce, 2006, s.263)

Tüm bu karşılıklı hamlelerin amacı taşınacak petrolün vanasını elde tutmak içindir. Çünkü petrolün borsası tankere yüklendiği yerdir ve gelişmelerin bu borsanın Ceyhan Limanı'nda başlayacağını gösterdiği dönemde Türkiye - Yunanistan - Güney Kıbrıs Rum yönetimi arasında S-300 füze krizi yaşanmıştır. Rusya'nın GKRY'ye adaya yerleştirmesi için sattığı füzeler 1996-1998 yılları arasında Türk - Yunan ilişkilerini çok tehlikeli boyutlara taşımış, çatışma eşiğine getirmiştir. Rusya'nın amacı Türkiye ile Yunanistan arasında bir çatışma çıkartarak Ceyhan Limanı'ndan Akdeniz'e taşınacak petrol için elverişsiz bir ortam yaratmak ve yeniden Bakü - Novorossisk hattını ön plana çıkarmaya istemiştir. Ancak Türkiye'nin çok sert tepki vermesiyle kriz son bulmuş ve füzeler Girit Adası'na yerleştirilmiştir (Yüce, 2006, s.264)

Tüm kozlarını iyi kullanan Türkiye için diğer bir konu Bakü - Ceyhan boru hattının üçüncü olarak hangi ülkeden geçirileceği konusuydu. Hattın İran üzerinden geçmesini ABD istemiyordu ve bu proje için ABD'nin desteği şarttı. Ermenistan'dan geçmesini de Azerbaycan'da gerçekleştirdiği işgal yüzünden Azerbaycan istemiyordu. Böylece hattın geçirileceği üçüncü ülke Gürcistan olarak belirleniyordu. Sonuç olarak Bakü - Tiflis - Ceyhan (BTC) boru hattı anlaşması 18 Kasım 1999'da üç ülkenin cumhurbaşkanları arasında ve ABD başkanı Bill Clinton şahitliğinde imzalanmıştır (Çaylı, 2002, s.99). BTC ana ihraç boru hattı olarak belirlenmiş, Bakü - Novorosissk ile Bakü - Supsa güzergâhları da erken petrol taşıma hatları kabul edilerek Rusya'nın itirazları azaltılmaya çalışılmıştır. 1994'den beri hattın kabulü için verilen mücadelenin ardından 18 Eylül 2002 günü Cumhurbaşkanı Sezer, Azerbaycan Cumhurbaşkanı Aliyev ve Gürcistan Cumhurbaşkanı Şevardnadze'nin katıldığı törenle, Baku-Sançagal terminalinde BTC boru hattının temeli atılmıştır (Cumhuriyet Gazetesi, 19 Eylül 2002). Uzun uğraşlar sonunda 13 Temmuz 2006'da hattın yapımı tamamlanıp büyük bir törenle açılış yapılmıştır.

Türkiye petrol konusunda neredeyse tamamen dışa bağımlı bir konumdadır. Petrol gibi bir konuda dışa bağımlı olmanın birçok sakıncası bulunduğundan enerji çeşitliliği hayati önem arz etmektedir. Türkiye her ne kadar Ortadoğu'da petrol üreticisi ülkelere komşu durumda olsa da bu bölgede yaşanan istikrarsızlıklar Türkiye'yi etkilemiştir. Özellikle OPEC üyesi ülkelerin petrol üretimini düşürüp fiyatları arttırması ve Körfez Savaşı Türkiye'yi önemli zararlara uğratmıştır. Bu sebeple Hazar petrolleri ve BTC Türkiye açısından hayati değerdedir. Türkiye, BTC sayesinde hem kendi petrol ihtiyacının bir kısmını karşılamaktadır hem de doğu - batı ekseninde enerji koridoru olma yönünde büyük bir adım atmıştır. Bu hatta Kazakistan ve Türkmenistan'ın da katılmasıyla Türkiye'nin enerji terminali olma misyonu daha da sağlamlaşacaktır. Ceyhan Limanı'nda yıllık 50 milyon tonluk petrol pazarı oluşacaktır. Türkiye ile Irak arasında mevcut Kerkük - Yumurtalık petrol boru hattı da tam kapasiteyle çalışmaya başlarsa bu rakam yıllık 120 milyon tona kadar çıkacak ve Türkiye'nin ekonomisine büyük katkılar sağlayacaktır (Çaylı, 2002, s.101)

Eğer Türkiye petrol üzerine olan politikasını her hükümet döneminde değiştirmeyip milli bir politika olan enerji terminali olma misyonuna odaklanırsa BTC'de olduğu gibi büyük projelere başarıyla imza atabilecek, böylece jeopolitiğini ve jeo-ekonomiğini güçlendirerek söz söyleme hakkına sahip bölgesel bir güç konumuna yükselebilecektir.

4.2. Doğal gaz Üzerine Politikası

BOTAŞ, Boru Hatları ile Petrol Taşıma A.Ş. Türkiye Cumhuriyeti ile Irak Cumhuriyeti Hükümetleri arasında imzalanan Ham Petrol Boru Hattı Anlaşması'nın amacı olan Irak ham petrolünün, İskenderun Körfezi'ne taşınmasını gerçekleştirmek üzere, 7 / 7871 sayılı Kararnameye istinaden 15 Ağustos 1974 tarihinde Türkiye Petrolleri Anonim Ortaklığı

(TPAO) tarafından kurulmuş, Türkiye'nin petrol ve doğal gaz boru hatları ile ilgili sorumlu tek kuruluş BOTAŞ olmuştur. Bu sebeple Türkiye'nin artan enerji talebi ve enerji kaynaklarının çeşitlendirilmesi amacıyla BOTAŞ petrol faaliyetlerine ek olarak doğal gaz taşımacılığı ve ticareti faaliyetlerini de yürütmeye başlamıştır. Bu kapsamda 18 Eylül 1984 tarihinde Türkiye ile Sovyetler Birliği arasında doğal gaz sevkiyatına ilişkin anlaşma imzalanmış, Türkiye, 1987 yılından itibaren Bulgaristan sınırından doğal gaz ithal etmeye başlamıştır (BOTAŞ, 2006, s.33). 25 yıl süre ile 6 milyar metreküp doğal gaz alınması kararlaştırılan hat üzerinden 1998 yılında yapılan yeni bir anlaşma ile 23 yıl süre ile 8 milyar metreküp daha doğal gaz alımı kararlaştırılmıştır (Taflan, 2003, s.87)

Doğal gaz arz çeşitlendirilmesi, arz güvenliğinin ve arz esnekliğinin sağlanması maksadıyla 14 Nisan 1988 tarihinde Cezayir ile 20 yıl süreli yıllık 2 milyar metreküp sıvılaştırılmış doğal gaz (LNG) alımına ilişkin anlaşma imzalanmıştır. BOTAŞ tarafından 1989 yılında Marmara Ereğlisi'nde LNG ithal terminali yapılmaya başlanmış, 1994 yılında yapımı tamamlanmış ve işletilmeye başlanmıştır. LNG terminalinin işletilmeye başlanmasını müteakip Cezayir ile olan yılık 2 milyar metreküp LNG alım anlaşmamız 4 milyar metreküpe çıkarılmış, Nijerya ile de 1,2 milyar metreküplük LNG alım anlaşması imzalanmıştır (BOTAŞ, 2006, s.46).

Bu anlaşmalara ilaveten Ağustos 1996'da İran ile 25 yıllığına yılda 10 milyar metreküplük bir anlaşma, Aralık 1997'de Rusya ile Mavi Akım olarak bilinen 25 yıllığına, yılda 16 milyar metreküplük anlaşma imzalanmıştır (Taflan, 2003, .s87). İran ile yapılan anlaşma, Türkiye'nin doğu - batı ekseninde enerji terminali olmasına destek veren ABD'nin itiraz etmesine rağmen, Türkiye'nin kaynak çeşitliliğinin sağlanması adı altında yapılmıştır. Erbakan tarafından Tahran'da imzalanan anlaşmanın temel sebebinin Erbakan'ın parti tabanına verdiği ideolojik bir mesaj olduğu söylenebilir (Gazel, 2004, s.40). Kaynak çeşitliliği Cezayir ve Nijerya'dan sağlanıyorken ABD'nin tepkisini çekmemizin, enerji koridoru olmamızda ABD'nin desteğini kaybetme ihtimali yaratılmasının bir gereği yoktu. Türkiye'nin doğal gaz alımı ile ilgili yaptığı anlaşmalar Tablo 4.1'de olduğu gibidir.

Tablo 4.1 Doğal Gaz Alım Anlaşmaları

Mevcut Anlaşmalar	**Miktar (Plato) (Milyar m^3/yıl)**	**İmzalanma Tarihi**	**Süre (Yıl)**	**Durumu**
Rusya (Batı)	6	14 Şubat 1986	25	Devrede
Cezayir (LNG)	4	14 Nisan 1988	20	Devrede
Nijerya (LNG)	1.2	9 Kasım 1995	22	Devrede
İran	10	8 Ağustos 1996	25	Devrede
Rusya (Mavi Akım)	16	15 Aralık 1997	25	Devrede
Rusya (Batı)	8	18 Şubat 1998	23	Devrede
Türkmenistan	16	21 Mayıs 1999	30	-
Azerbaycan	6.6	12 Mart 2001	15	2007

BOTAŞ, 2006, s.50

Böylece Türkiye 1986 - 2001 yılları arasında Rusya, İran, Cezayir, Nijerya, Azerbaycan ve Türkmenistan ile yıllık 68 milyar metreküplük, tüketimi mümkün olmayan doğal gaz alım anlaşmaları imzalamıştır. Bu anlaşmaların süreleri 20 - 30 yıl arasında değişmekte olup, Türkiye'nin geleceğini ipotek altına alır niteliktedir ve tümü de "al ya da öde" şeklinde yapılmış anlaşmalardır (Erdoğan, 2006, s.103). Yani Türkiye almayı taahhüt ettiği gaz miktarını alamazsa, tüketemediği kısmın parasını da ödemeyi kabul ediyordu. Tablo 4.2 ve Tablo 4.3'e baktığımızda Türkiye'nin yıllara göre ne kadar doğal gaz almayı taahhüt ettiğini ancak ne kadarını tüketebildiğini görebiliriz (BOTAŞ, Kontrata Bağlanmış..., 2007).

Tablo 4.2.Kontrata Bağlanmış Arz Miktarları (cm^3)

YILLAR	2005	2006	2007	2008	2009	2010	2015	2020
Rusya (Batı)	5000	6000	6000	6000	6000	6000	0	0
LNG (Cezayir)	4444	4444	4444	4444	4444	4444	0	0
LNG (Nijerya)	1338	1338	1338	1338	1338	1338	1338	1338
İran	6689	8600	9556	9556	9556	9556	9556	9556
Rusya (İlave)(Batı)	8000	8000	8000	8000	8000	8000	8000	8000
Rusya (Mavi Akım)	6000	8000	10000	12000	14000	16000	16000	16000
Türkmenistan	0	0	0	0	0	0	0	0
Azerbaycan	0	0	2000	3000	5000	6600	6600	6600
Toplam Arz	30938	35766	40638	43587	47519	51058	40791	40791

http://www.botas.gov.tr/dogalgaz/dg_arztaleb_sen.asp

Tablo 4.3 Yıllar İtibarıyla Doğal Gaz ve LNG Alım Miktarları

(milyon cm^3)

YILLAR	2000	2001	2002	2003	2004	2005	2006
Rusya	10.079	10.931	11.603	11.422	11.106	12.857	12.246
Cezayir	3.962	3.985	4.078	3.867	3.237	3.786	4.203
Nijerya	780	1.337	1.274	1.126	1.034	1.013	1.118
İran	0	115	670	3520	3558	4322	5.691
Rusya (Mavi Akım)	0	0	0	1.252	3.238	4.969	7.403
TPAO	154	0	0	0	0	138	88
SPOT LNG	0	0	0	0	0	0	80
Toplam	14.975	16.368	17.625	21.180	22.173	27.167	30.830

http://www.botas.gov.tr/faliyetler/dg_ttt.asp

BOTAŞ'ın resmi verilerine göre hazırlanmış tablolardan da anlaşılacağı gibi Türkiye almayı taahhüt ettiği gaz miktarlarını hiçbir ülkeden alamamıştır. 2005 yılında Rusya'dan batı hattı ile 13 milyar metreküp doğal gaz alımı gerçekleştirilmesi gerekirken 12,8 milyar metreküp, İran'dan 6,6 milyar metreküplük alım yapmamız gerekirken 4,3 milyar metreküp, Mavi Akım'la yine Rusya'dan 6 milyar metreküp doğal gaz almamız gerekirken 4,9 milyar metreküp alınabilmiştir. LNG'de de durum farklı değildir. 2005 yılında Cezayir'den 4,4 milyar metreküp, Nijerya'dan 1,3 milyar metreküplük alım taahhüt edilmiş; bunun Cezayir'den 3,7 milyar metreküplük kısmı, Nijerya'dan 1 milyar metreküplük kısmı alınabilmiştir. Böylece Türkiye 2005 yılında 3,8 milyar metreküp, 2006 yılında da 5 milyar metreküp doğal gazı tüketemediği için alamamış ancak yapılan anlaşmalar gereği parasını ödemiştir.

Türkiye'nin hali hazırda doğal gaz depolayabileceği yer altı deposu bulunmamaktadır. Bu kapsamda, Tuz Gölü'ndeki tuz domlarının doğal gaz yeraltı deposu olarak kullanımı için geliştirilen "Tuz Gölü Doğal Gaz Yeraltı Depolama Projesi" çalışmaları ile TPAO'nun Kuzey Marmara ve Değirmenköy doğal gaz sahalarının bu sahalardaki doğal gazın tüketimi sonrasında doğal gaz yeraltı depolama tesisi olarak kullanılması amacıyla geliştirilen proje çalışmaları devam etmektedir (BOTAŞ, 2006, s.60).

Böylece dış ülkelerle yapılan uzun vadeli yüklü miktardaki doğal gaz alım anlaşmaları neticesinde tüketemeyeceğimiz miktarda gaz alımına başlanmış, ithal edilen gazın kullanım alanının sınırlı olması sebebiyle gözler elektrik enerjisi üreten santrallere çevrilmiştir. Bunun başlıca sebebi depolama tesisimiz olmayışı ve tüketemediğimiz doğal gazın parasını "al ya da öde" prensibi gereğince ödememizdir (Çaylı, 2002, s.87). Geçmiş yıllarda elektrik enerjisi üretiminde su gücünü %50 gibi çok büyük bir payı varken, bu oran giderek azalmış %19 seviyelerine gerilemiş ve elektrik enerjisi üretiminde doğal gaz ön plana çıkmaya başlamıştır. 2005 sonu itibariyle doğal gazın payı %50'ye çıkmıştır (BOTAŞ, 2006, s.50).

Enerjide dışa bağımlı olan Türkiye'de tasarruf tedbirlerinin uygulanması gerekirken sorun devam ettiği için elektrik fiyatları ucuzlatılarak tüketimin artırılması amaçlanmıştır. Hâlbuki bundan 30 sene önce 3 Kasım 1977'de başbakanlık tarafından çıkarılmış olan bir genelgeyle enerji tasarrufunun sağlanması amaçlanmıştır. Buna göre -6°'den soğuk yerlere çift cam mecburiyeti getirilirken, 10 seneden eski ve verimliliğini yitirmiş kazanların da değiştirilmesi şart koşulmuştur (İsmet GİRİTLİ, 1978). 30 yıl önce tasarruf tedbirleri uygulayan Türkiye günümüzde fazla aldığı ve tüketemediği doğal gazı ne yapacağını bilemediği için doğal gaz fiyatlarını düşürerek yurt genelinde tüm halkı bol tüketmeye çağıran bir kampanya başlatmıştır. Böylece enerji terminali projesi kapsamında üçüncü ülkelere satılması gereken doğal gazdan zarar edilmiş, bu zarar fiyatlar ucuzlatılıp sürümden elde edilecek gelirle halkın cebinden karşılanmaya çalışılmıştır.

Ayrıca 2001 yılında IMF ve Dünya Bankası'nın zorlamasıyla, Dünya Bankası'ndan gelen Kemal Derviş döneminde çıkan 4646 sayılı yasa gereğince doğal gaz işi tek sorumlu olan BOTAŞ'tan alınıyor ve tam rekabete açılarak, yabancı şirketlerin petrolden sonra doğal gaz piyasasına da girmesi sağlanmış oluyordu (Erdoğan, 2006, s.98). Daha önce BOTAŞ'ın tekelinde olan dağıtım, depolama, iletim gibi konular BOTAŞ'tan alınıp özel şirketlere veriliyordu. Yasaya göre ithal ettiğimiz doğal gaz serbest tüketici olan halkın evine gelene kadar ithalatçı şirket, toptan satış şirketi, depolama şirketi, iletim şirketi, dağıtım şirketi, iç tesisat şirketi, servis hatları şirketi gibi yedi özel şirketin elinden geçiyordu. Böylece halk ithalat fiyatı, depolama tarifesi, iletim tarifesi, dağıtım tarifesi, bağlantı tarifesi, servis tarifesi olmak üzere yedi ayrı tarifenin toplamını ödemeye başlıyordu ve elektriğin en pahalı olduğu ülkelerden biri oluyorduk (Erdoğan, 2006, s.99).

Görüldüğü gibi Türkiye petrolde olduğu gibi özel şirketlerin çıkarlarını ön planda tutmuş ve zarar etmiştir. Türkiye, BTC gibi dev bir proje ile doğu - batı ekseninde enerji terminali olmayı başarabilmiş, kuzey - güney ekseni içinde yine dev bir projeye bu sefer doğal gaz için imza atmıştır. Türkiye'nin enerji terminali olmak için BTC'den sonra imza attığı en önemli projelerden biri olan Mavi Akım, hattın Türkiye'den sonra İsrail'e de uzatılmasıyla Türkiye'yi kuzey - güney ekseninde de enerji terminali konumuna çıkarabilecektir.

4.2.1 Mavi Akım Projesinin Tarihi Gelişimi

Mavi Akım, Türkiye açısından kendini garantiye alma, enerji terminali olma, AB'ye karşı koz kullanma özelliklerini içinde bulunduran, BTC'den sonra yapılmış en büyük projedir. Aynı zamanda yolsuzluk, rüşvet, ihanet ve siyasi güç edinme iddialarının ortaya atıldığı birçok olumsuzluğu da içermektedir (Gazel, 2004, s.13).

Şekil 4.2 Mavi Akım Boru Hattı

BOTAŞ, 2006, s.80

Rusya'dan, batı hattından gelen gazın Ukrayna ve Balkan ülkeleri tarafından, yapılmış olan anlaşmaların ötesinde tüketilmesi nedeniyle sık sık problem yaşanması Türkiye'nin rahatsızlığına yol açıyordu. Bu sebeple Rusya aradaki bütün ülkeleri kaldıran ve doğal gazı direk Türkiye'ye aktaracak bir boru hattının yapımı ile ilgili Türkiye'ye teklifte bulunmuş ve bu teklif Türkiye tarafından hızla artan enerji talebi dolayısıyla kabul edilmiştir (Gazel, 2004, s.16). Bu teklif Türkiye'nin Rusya'dan, Karadeniz'i geçerek Samsun'dan ülkemize girecek ve Ankara'ya kadar uzanacak olan, 25 yıllığına yıllık 16 milyar metreküp doğal gaz taşıma kapasitesine sahip boru hattından doğal gaz alımını kapsamaktaydı. 15 Aralık 1997 tarihinde Türkiye Cumhuriyeti ile Rusya Federasyonu Hükümetleri arasında "Karadeniz'in altından geçecek bir boru hattı ile Türkiye'ye doğal gaz sevkine dair anlaşma" imzalanmış, hükümetler arasındaki anlaşma 1 Nisan 1998 tarihinde Türkiye Büyük Millet Meclisi'nde görüşülerek kabul edilmiş ve 4 Nisan1998 tarihli Resmi Gazete'de yayımlanarak 4357 sayılı yasa olarak yürürlüğe girmiştir (Doğan, 2002, s.33).

Mavi Akım, Rusya için Türkiye pazarını yönlendirme, Avrupa ve Ortadoğu pazarında da etkili olma aracıyken Türkiye için geçiş ücreti alarak menfaat sağlayabileceği ve coğrafyası gereği kuzey - güney arasında bir köprü olduğunu ispatlama aracı olmuştur. Bölgede İran'dan ve Rusya'dan geçecek her türlü boru hattına karşı olan, doğu - batı enerji koridoru projesiyle Türkiye'yi ön plana çıkaran ve Rusya ile İran'ın By-Pass edilmesini sağlayan ABD, bu projeye karşı olmasına rağmen herhangi bir tepkide bulunmamıştır. Çünkü Mavi Akım'ın Türkiye'den sonra İsrail'e de gitmesi planlanıyordu. İsrail mevcut kaynaklarını hem çok zor koşullarda hem de çok pahalı temin ediyordu. Meksika, Norveç,

İngiltere ile petrol; Avustralya, Güney Afrika ve Kolombiya ile de kömür için pahalı anlaşmalar yapmıştı. Çevresindeki Arap ülkelerinden petrol, kömür ve doğal gaz alması siyasi şartlar nedeniyle mümkün değildi. Bu proje sayesinde İsrail, etrafındaki Arap ülkelerini By-Pass etmiş olacak ve enerji alanında onlara bağımlı olmayacaktı (Gazel, 2004, s.25-27). Türkiye ve İsrail'in işbirliği konuları, daha çok enerji ağırlıklı bir yüzeyde kendisini ortaya koymuştur. Mavi Akım Projesi'nin, Samsun-Ceyhan'la Akdeniz'e, oradan boru hatlarıyla İsrail'e ulaştırılması, Karadeniz-Kızıldeniz Projesi olarak adlandırılmaktadır. BM'nin 1701 sayılı ateşkes kararını korumak için gönderilen çok uluslu güç, İsrail'in Lübnan sınırını rahatlatmış, Türkiye de, bu güce katkı vermiştir (Tansı, 2007, s.6).

Anlaşma yapılmış ve inşaat faaliyetleri başlamıştı. Türkiye inşa edilecek hattın kendi topraklarında kalan kısmından sorumluyken, Rusya hem kendi topraklarında kalan kısmından hem de Karadeniz altından geçecek kısmın inşası ve bakımından sorumlu oluyordu (Doğan, 2002, s.33). Karadeniz altından geçecek kısmın inşası İtalyan ENI şirketine veriliyor, inşası için gerekli kredi de Japonya tarafından karşılanıyordu. Japonya ve İtalya Karadeniz'e niçin gelmişlerdi ve bu yükümlülüklerin altına niçin girmişlerdi?

Japonya enerji ihtiyacını uzun yıllar boyunca Ortadoğu'dan karşılamış ancak bölgedeki istikrarsızlıklar ve uluslararası krizler ülkenin ekonomisinin en iyi olduğu dönemlerde bile Japonya'nın önüne büyük maliyetler koymuştur. Bu sebeple Avrasya'daki enerji üzerine dönen oyuna mutlaka dâhil olmak istemiştir ancak Avrasya piyasasına girebilmenin yolu Rusya ile aralarındaki sorunu halletmekten geçtiği için Mavi Akım'ı finanse ederek Rusya ile olan sorunları çözmek için önemli bir adım atmıştır (Gazel, 2002, s.132). Böylece ileride Japonya artan enerji ihtiyacının bir kısmını Rusya'dan sağlayabilmenin önünü açmıştır. İtalyan ENI şirketi ise Karadeniz altına boruları döşeyerek büyük risk taşıyan projeyi gerçekleştirmek ve kendini ilerideki projeler için ispatlamak istemiştir. ENI şirketi yedi kız kardeşin dışında olan bir şirket olup, tek başına çok hızlı büyüyerek dev bir şirket haline gelmiştir. Eğer Mavi Akım gerçekleşirse ENI için Avrupa piyasasına hâkim olma şansı ortaya çıkacak ve 75 milyonluk Türkiye piyasasından büyük imtiyazlar elde edebileceklerdi (Gazel, 2002, s.141).

Mavi Akım'a karşı ABD'nin desteklediği projeler ise Şahdeniz ve Trans Hazar projeleridir. BTC'ye paralel yapılacak bir boru hattıyla Türkmenistan'dan ve Azerbaycan'dan gelen doğal gaz hem İsrail'e taşınabilecek hem de Nabucco Projesi kapsamında Avrupa'ya taşınabilecekti ve böylece İran ve Rusya yine By-Pass edilmiş olacak, Türkiye enerji terminali olmaya devam edecekti. Ancak ABD'nin bu isteğine rağmen Mavi Akım projesi gerçekleştirildi. Böylece Türkiye, tek bir ülkeden, ikisi batı hattından olmak üzere üç ayrı anlaşma ile üç ayrı fiyattan toplam 30 milyar metreküp doğal gaz almaya başlayarak enerji çeşitliliği ilkesini temelden bozmuş, tükettiğimiz doğal gazda %65 oranında Rusya'ya bağımlılığımız söz konusu olmuş, Azerbaycan ve Türkmenistan'ın sahip olduğu doğal gazın Avrupa'ya taşınması ile ilgili projelerin önünü kesmiş oluyordu (Tavşanoğlu, 2006, s.12). Gazı üreten ama başka pazarlara satamayan Türkmenistan'ın Mavi Akım ile de önü kapanınca elindeki gazı Rus boru hattı üzerinden Rusya'ya çok ucuza satmak zorunda kalmıştı. Böylece Rusya Türkmenistan'dan çok ucuza aldığı gazı Mavi Akım ile Türkiye'ye pahalı fiyattan satmaya başlamış, hem ticari kâr hem de Avrasya'da üstünlük elde etmiş oluyordu (Gazel, 2002, s.206).

Rusya ile yapılan bu anlaşmanın maddelerine bakıldığında kuzey - güney ekseninde enerji terminali olmak için tasarlanan projenin tamamıyla Rusya'nın avantajına olduğunu görüyoruz. Dönemin Başbakanı Mesut Yılmaz ve Rusya Başbakanı Viktor Çernomirdin tarafından imzalanan anlaşmaya göre; madde 4'te Türkiye Cumhuriyeti'ne sevk edilecek gazın Rusya'nın onayı olmadan üçüncü ülkelere sevk edilemeyeceği ve madde 2'de Türkiye Cumhuriyeti'ne belirtilen hacimlerdeki doğal gazın teslimatının sağlanması konusunda kararlı olduğunu teyit ettiği belirtilmiştir (Gazel, 2002, s.224). Böylece Türkiye "al ya da öde" prensibine göre anlaşmayı imzalamış ve tüketemediği kısmı da Rusya'nın onayı olmadan üçüncü ülkelere satamayacağını taahhüt etmiş oluyordu. Türkiye'nin 30 milyar metreküplük doğal gazı tüketme kapasitesi olmadığından ve gaz fazlasını başka ülkelere satamadığından elektrik üretim alt yapısını hidroelektrik santrallerinden hızla doğal gaz elektrik santrallerine çevirmeye başlamıştı.

Tüm bu gelişmeler yaşanırken Türkiye'de gerçekleşen 2001 yılındaki krizden hemen sonra Beyaz Enerji Operasyonu patlak verdi. Beyaz Enerji Operasyonu enerji ihalelerinde dönemin Enerji Bakanı Cumhur Ersümer'den başlayarak aşağı doğru inen organize bir yapının uygulamalarında şaibe olduğuna dair iddianın Jandarma tarafından ele alınmasıydı ve soruşturmanın polis tarafından değil Jandarma tarafından yürütülmesi anlaşılamıyordu (Gazel, 2002, s.258). Operasyon nedeniyle önce dönemin İçişleri Bakanı Saadettin Tantan sonra da Enerji Bakanı Cumhur Ersümer istifa etmek zorunda kalmıştı.

Hükümet değiştikten sonra yeni Enerji Bakanı Hilmi Güler olmuştu ve yaptığı açıklamalarda; Türkiye'nin enerji politikalarının yanlış oluşturulduğunu, doğal gaza aşırı bağımlı bir elektrik üretim sisteminin kurulduğunu, Türkiye'nin pahalı gaz aldığını, Türkiye'nin madenlerini yeterince değerlendirmediğini, Rusya ile üç ayrı anlaşma ile üç ayrı fiyattan doğal gaz alımının doğru olmadığını vurgulamaya başlamıştı (Gazel, 2002, s.266). Bunun üzerine eski Enerji Bakanı Ersümer, başta Mavi Akım Projesi olmak üzere enerji ve doğal gaz ihaleleriyle DSİ'ye ilişkin ihale ve işlemlere "İhaleye Fesat Karıştırmak", "Görevi Kötüye Kullanmak", "Rekabet Ortamının Oluşmasını Engellemek", doğal gaz alımında tek bir ülkeye bağlı kalınması ve Türkiye'nin tüketemeyeceği kadar doğal gaz alımı iddiaları ile 17 yıla kadar hapis istemiyle Yüce Divan'da yargılanmaya başlandı (Sabah 03.11.2004, s.1). Mavi Akım'ın açılışının yaklaştığı bir dönemde Rusya ile Türkiye arasında büyük bir anlaşmazlık baş göstermişti. Rusya Mavi Akım'ın fiyatını arttırmak isterken Türkiye de üç anlaşmayı tek bir kontratla bağlamak istiyordu. Çünkü Mavi Akım anlaşmasının formül kısmında yapılan teknik bir hatayla Türkiye Mavi Akım'dan Rusya'nın istediği fiyatın altında bir fiyatla doğal gaz alıyordu. Tam iki ülke uluslararası tahkime gidecekken 20 Kasım 2003'te Türkiye Rusya'nın istediği formül değişikliğini yapmayı kabul etti. Buna karşın Batı Hattı, Turusgaz (Batı Hattı) ve Mavi Akım fiyatları tek bir anlaşma-tek bir fiyat olarak düzenlendi ancak fiyatın ne olduğu açıklanmadı (Cumhuriyet, 17.11.2005, s13). Böylelikle kriz halledilmiş Türkiye'nin üstündeki "al ya da öde" baskısı kaldırılmış oluyordu. Mavi Akım'ın açılış töreni 2005 yılında Erdoğan, Putin ile Berlusconi'nin katıldığı törenle Durusu'da yapıldı (Şahin, Cumhuriyet 18.11.2005, s.8).

BTC ile Avrasya'da enerji koridoru olma yönünde bir avantaj elde eden Türkiye, Mavi Akım ile bu avantajı yitirmiş, Rusya'ya devamlı bir kaynak aktarımı ile Rusya'nın ekonomisine fayda sağlamış ve Rusya'nın bölgede yeniden söz sahibi olmasının önünü açmıştır. Mavi Akım Türkiye'nin Azerbaycan'dan yılda 16 milyar metreküp, Türkmenistan'dan 16 milyar metreküp doğal gaz almasını olanaksız kılmış, Türkmen gazı alım satım anlaşması imzalanmış olmasına rağmen ileriye ertelenmiş, Azerbaycan gazı yılda en çok 6.7 milyar metreküpe daralarak birkaç yıl ileri kaydırılmıştır (Tavşanoğlu, 2006, s.12). Nitekim Türkiye Şahdeniz ve Trans-Hazar projeleriyle doğal gazın Türkiye'ye gelmesi oradan da Nabucco projesi ile Avrupa'ya taşınmasını gündeme getirdiği dönemde Rusya tarafından doğal gazda fiyat arttırma tehdidiyle karşılaşmıştır. Çünkü Rusya Avrupa'nın tek doğal gaz sağlayıcısı konumundadır ve Şahdeniz projesi kapsamında Türkiye'nin gazı üçüncü ülkelere satmasına izin verilmiştir (Gürer, 2007, s.6). Ancak Türkiye "Doğu ile Batı arasında enerji köprüsü olma" ve "Ceyhan'ı Akdeniz'in enerji kapısı haline getirme" projesi kapsamında Azerbaycan'dan doğal gaz alımına başlamıştır. Bunun üzerine Rusya Novorossisk'e gelen petrolün taşınmasında boğazları By-Pass eden Samsun - Ceyhan hattı yerine, Yunanistan ile Burgaz - Dedeağaç hattı için masaya oturmuşlardır (Aydilek, 2007, s.10). Böylece BTC'de olduğu gibi Rusya ile Türkiye arasında yeniden karşılıklı hamleler başlamış oluyordu.

5. HAZAR BÖLGESİ ÜLKELERİ, MEVCUT BORU HATLARI VE PROJELERİ

Günümüzde enerjiye olan talep her geçen gün artmaktadır. Dolayısıyla enerjiye ihtiyacı olan ülkeler enerji kaynaklarına sahip ülkeler üzerinde kendi çıkarlarına uygun stratejiler geliştirmektedir. Dünyada en fazla enerji rezervinin Ortadoğu'da olmasına rağmen, 11 Eylül sonrasında bölgede yaşanan istikrarsızlık, gözlerin Kafkaslar, Hazar ve Orta Asya'ya çevrilmesine sebep olmuştur. Özellikle Kuzey Denizi'ndeki kaynakların tükenmeye başlamasıyla AB ve enerjiye olan talebi her yıl hızla artan ABD bu bölgeyle yakından ilgilenmeye başlamışlar, enerji kaynaklarının kesintisiz ve güvenilir şekilde aktarılabileceği güzergâhlar üzerinde projeler geliştirmeye ya da geliştirilen projelere destek olmaya çalışmışlardır. Bölge ülkelerinin de Sovyetler Birliği'nin yıkılmasıyla bağımsızlıklarını kazanması ve yüzlerini Batıya çevirmeleri, doğu - batı ekseninin merkezinde bulunan Türkiye'nin jeopolitik önemini arttırmıştır. Türkiye'nin Batı perspektifinden AB'ye aday ülke olması, Doğu perspektifinden mekân, dil, din, tarih bakımından bölge ülkeleriyle ortak değerlere sahip olması; doğu - batı ekseninde enerji arteri olmak isteyen Türkiye'nin ön plana çıkmasına sebep olmuştur.

Türkmenistan'ın doğal gaz rezervleri ve Kafkasya'da yer alan Azerbaycan'ın, hem petrol hem de doğal gaz rezervleri, bölgede en fazla yatırıma cezbeden değerler olarak öne çıkmalarını sağlamıştır. Türkiye'nin Kafkaslardan Asya'ya sıçrama noktası olan Azerbaycan ve sıçradığı noktadan Asya'ya yayılmasını sağlayabilecek Türkmenistan, aynı zamanda Hazar'a kıyıları olması sebebiyle Türkiye açısından ayrı bir önem arz etmektedir. Ayrıca Rusya'nın ve Çin'in her geçen gün bölgeye olan artan ilgileri, ABD ve AB'nin bölgedeki etkileri, Türkiye'nin bu karmaşık yapıdan en karlı çıkabileceği durumu etkilemekte ve bölgeye yönelik izlenmesi gereken stratejileri her gün değiştirmektedir.

5.1. Azerbaycan

1991 yılında Azerbaycan'a bağımsızlık statüsü verildikten sonra Azerbaycan'ın iç ve dış politikasını belirleyen unsurlar Karabağ sorunu ve petrol olmuştur. Bağımsızlığın ilk yıllarında başa geçen Ayaz Muyellibov her şeye rağmen Rusya politikasını izlemiş; ancak Ermenilerin Hocalı katliamını Rus tanklarıyla birlikte gerçekleştirmesi üzerine bu politika çökmüştür. Bunun üzerine cumhurbaşkanı olarak seçilen Elçibey; Rusya karşıtı, Türkiye ve Batı yanlısı bir politika izlemiştir. Ancak petrol konusunda Türkiye'ye fazla taviz vermesi nedeniyle Surat Hüseyinov tarafından bir darbe gerçekleştirilerek başa uzun süre burada kalacak kişi, Haydar Aliyev getirilmiştir. Bu darbenin Azerbaycan'ı Batı ve Türkiye çizgisinden uzaklaştırmak için Rusya tarafından da desteklenme ihtimali yüksektir (Akman, 2005, s.49). Dağlık Karabağ sorununun iç politikadaki etkisini bilen Aliyev, başa geçtikten sonra ne savaş ne barış politikasını izlemiştir. Dış ilişkilerde petrol işletmelerini diğer uluslara açarak Dağlık Karabağ sorunun da destek göreceğini düşünmüş ancak yanılmıştır (İbrahimli, 2001, s.9). Rusya'ya karşı bir politika yerine, ılımlı çizgide ilerleyerek ve Rusya'ya Azerbaycan petrollerinin işletilmesinde %10'luk bir pay ile çeşitli tavizler vererek Rus baskısını azaltmaya; ABD ile yapılan yüz yılın anlaşması ile de Rusya'nın bölgedeki etkisi dengelenmeye çalışılmıştır (Akman, 2005, s.77). Fakat verdiği her tavize rağmen Rusya'nın bölgede Ermenistan'ı desteklemeye devam etmesi, Türkiye'nin

Azerbaycan'ı tanıyan ilk ülke olması, Ermenilerle yapılan savaş yüzünden Türkiye'nin Ermenistan'a olan sınır kapısını kapayarak uluslararası arenada Azerbaycan'ı desteklemesi, Aliyev'i Türkiye üzerinden Batıya açılmaya ve Türkiye ile yakın ilişkiler kurmaya zorlamıştır. Türkiye - Azerbaycan ambargosu Ermenistan'ın ekonomisine yıllık 570 - 720 milyon Dolarlık zarar vermekte ve Türkiye'nin Ermenistan'a olan sınır kapılarını açmasının Azerbaycan'a politik darbe indireceği düşünülmektedir (Kanbolat, Ermenistan..., 2005, s.13).

Özellikle Haydar Aliyev iktidara geldikten sonra petrol rezervlerinin dış piyasaya nasıl taşınacağı üzerine boru hattı projeleri geliştirilmiştir. Kuzey hattı: Bakü - Novorossisk, Batı hattı: Bakü - Supsa, Güney hattı: Bakü - İran, Doğu hattı: Afganistan - Pakistan, Güney Batı hattı: Bakü - Ceyhan güzergâhları olarak tartışılan hatlardan hangisinin ana ihraç boru hattı olacağına ilk aşamada karar verilememiştir (Aslanlı, 2004). Fikir olarak çıktıkları ilk andan itibaren Hindistan ve İran hatları destek görmemiş ve bu projeler rafa kaldırılmıştır. Geriye kalan üç hattan hangisinin ana ihraç boru hattı olacağı konusunda Türkiye ve Azerbaycan Bakü - Ceyhan hattını desteklerken, Rusya Bakü - Novorossisk hattını desteklemekteydi. Bu bağlamda çıkarılan petrolün dış piyasalara ulaştırılmasında erken petrol boru hattı olarak Tiflis'te yapılan anlaşma ile Bakü - Supsa, Moskova'da yapılan anlaşma ile Bakü - Novorossisk hatları belirlenmiştir (Pamir, Türkiye'nin çevre..., 2006, s.18). Erken petrol boru hattı olarak sadece bir güzergâh yeterli olabilecekken iki güzergâh seçilmiş, böylece ileride ana ihraç boru hattı olarak seçilecek Bakü - Ceyhan hattı kararına gelebilecek tepkilerin azaltılması düşünülmüştür. Azerbaycan ve Türkiye'nin kararlı tutumuyla Bakü - Ceyhan hattı ana ihraç boru hattı olarak kararlaştırılmış, ancak bu seferde güzergâhın geçeceği üçüncü ülke konusunda tartışmalar yaşanmıştır. Hattın İran'dan geçmesini ABD, en kısa yol olan Ermenistan'dan geçmesini Azerbaycan kabul etmemiş, bunun üzerine üçüncü ülke olarak Gürcistan belirlenmiş ve Bakü - Tiflis - Ceyhan Petrol Boru Hattı Projesi Anlaşması Türkiye'de imzalanmıştır.

2003 yılına gelindiğinde Azerbaycan'ın petrol ürünü ihracatı tüm ihracatın %70'ini, petrol ile ilgile gelirler bütçenin %50'sini oluşturmaktaydı. Günlük petrol üretimi 340 bin varil olan Azerbaycan'ın yıllık üretimi yaklaşık 17 milyon tondur (Pamir, Türkiye'nin çevre..., 2006, s.17). Böyle büyük bir üretim için BTC'nin kullanılması Türkiye'nin stratejik önemini arttıracak ve Asya'ya açıldığında diğer Türk Cumhuriyetleri'nin de bu hatta inşa edilecek boru hatlarıyla bağlanmasını sağlayabilecek, ayrıca doğu - batı ekseninde enerji arteri olma ihtimalini güçlendirecektir. Bu üretime paralel olarak ekonomisi gelişen Azerbaycan bölgede daha güçlü bir ülke olacaktır. Nitekim Petrol sektöründe artan yabancı yatırım ve 1994 gerçekleşen ateşkes sonrasında, 1993 yılında -%23,1 olan milli gelir büyüme hızı 2004'te %9,8'e çıkmış; 1994'te %1666,5 olan enflasyon oranı da 1999 yılında -%8,6'ya kadar düşmüştür (Akman, 2005, s.24).

Azerbaycan ile Türkiye'nin bu kadar yakınlaşması ve jeo-ekonomik olarak büyük bir pazarın paylaşılması bölgede çeşitli ittifakların oluşmasına yol açmıştır. Özellikle Türkçülük, Azerbaycancılık ve milliyetçilik kavramlarının ülkede yükselişe geçmesi ile Türkiye'nin Sovyetler'in dağılmasından sonra Türkçe konuşan bölgelere hızla açılması diğer bölge ülkelerini rahatsız etmiştir. Türkiye'nin bölgede yükselişe geçmesinden korkan Rusya, sadece 12 km sınır komşusu olan Türkiye ile Azerbaycan yakınlaşmasını her koşulda Ermenistan'ı destekleyerek ve Ermenistan'ı bölgede tampon ülke olarak kullanarak, Türkiye'nin Orta Asya'ya sıçramasını engellemeye çalışmaktadır. Türkiye'nin Orta Asya'ya sıçrama noktası olarak Azerbaycan'ı kullanmasından çekinen Çin de, ilerde yükselişe geçebilecek Türkçülük akımı nedeniyle karşı karşıya kalmak istemediği Türkistan - Uygur meselesi Ermenistan'ı desteklemesine sebep olmakta ve Türkiye'nin ayağını burada kesmeye çalışmaktadır (İbrahimli, 2001, s.50). "İki devlet, tek millet" sloganıyla gelişen Azerbaycan - Türkiye ilişkileri, Güney Azerbaycan'ın İran sınırları içinde yer almasından dolayı İran'ı da rahatsız etmektedir. Böylece bölgede Moskova - Erivan - Tahran hattı oluşmuştur (Akman, 2005, s.83).

Jeo-ekonomik konumu nedeniyle ABD'nin çıkarları için önemli olan bölge ayrıca Avrupa içinde Kuzey Denizi'nin yerini tutabilecek petrol rezervine sahiptir. Bu sebeple doğu - batı ekseninde enerji terminali olmak isteyen Türkiye, bölgede Bakü - Tiflis - Ceyhan petrol boru hattı projesinin öncülüğünü ABD ve Avrupa'nın da sıcak bakmasıyla üstlenmiştir. Projelerin tampon ülke Ermenistan'ı By-Pass etmesi nedeniyle Moskova - Erivan - Tahran hattı tarafından engellenmeye çalışılmış, karşı fikirler üretilmiştir. Fakat projeler, yapılan antlaşmalar ile uygulamaya konularak bu hatta karşılık Ankara - Bakü - Tiflis - Vaşington hattı oluşmuştur (Kanbolat, Türkiye Kafkasya'ya..., s.55).

Sonuç olarak 1991-2006 yılları arasında iç politikanın belirleyicisi olan Karabağ sorunu hâlâ çözülemediğinden, Azerbaycan bölgedeki politikalarını özgürce belirleyememektedir. Son olarak 11 Şubat 2006'da Fransa'da gerçekleştirilen, Ermenistan Devlet Başkanı Koçaryan ile Azerbaycan Devlet Başkanı Aliyev'in katıldığı Rambouillet görüşmelerinden de bir sonuç çıkmamış; ateşkesin ilan edildiği günden beri yapılan görüşmelerin devamına karar verilmiştir (Aslanlı, Liderler..., 2006, s.19). Fakat Bakü - Tiflis - Ceyhan boru hattının devreye girmesiyle bölgede yükselen bir güç olan Azerbaycan'ın sadece askeri harcamalara yaptığı yatırım Ermenistan'ın gayri safi milli hasılası kadardır. Ayrıca Türkçülük giderek ülkede gelişmekte, Türkiye ile bağlar sağlamlaştırılmakta ve batıya yakınlaşılmaktadır. Yakın bir gelecekte Türkiye'nin Azerbaycan üzerinden Orta Asya'ya sıçraması ve bu coğrafya da söz sahibi olması muhtemeldir. Buna paralel olarak Azerbaycan'ın da Karabağ sorununu kendi lehine çözme olasılığı yükselmektedir. Ancak bunun için de Azerbaycan'ın Karabağ sorununda Ermenistan'ın saldırı politikasına karşı yıllarca izlediği savunma psikolojisinden kurtulması şarttır (İbrahimli, 2001, s.9).

Azerbaycan; sınır komşuları İran ve Ermenistan'dan uzaklaşırken, Rusya'ya karşı ılımlı politika izlemekte, ABD'nin bölgeye girmesini sağlayarak denge kurmaya çalışmakta, Gürcistan üzerinden petrolünün güvenli geçişini sağlamaya çalışmakta, Türkiye'nin desteğiyle bölgede söz sahibi olmaya ve Avrupa'ya açılmaya çalışmaktadır. Petrol gelirleriyle ekonomisi daha da güçlenecek olan Azerbaycan, yakın gelecekte Türkiye ile birlikte bölgede yükselen bir güç olabilecektir.

5.2. Türkmenistan

Orta Asya'daki ülkelere kıyasla petrol rezervi zengin olmayan Türkmenistan'ın, doğal gaz rezervi toplam 2.700 milyar metre küp, 2004 yılında günlük petrol üretimi 202 bin varilken, yıllık doğal gaz üretimi 54,6 milyar metre küptür (Pamir, Türkiye'nin çevre..., 2006, s.32). Bu ülkenin ihraç boru hattı olmadığından, tüm ihracat tankerlerle yapılmakta ve Hazar üzerinden Rus limanına gelindikten sonra Bakü-Novorossisk erken petrol boru hattı kullanılmaktadır. Ancak, Türkmenistan petrolünün yüksek kükürt oranı ve parafin içermesi ihraçta sıkıntı yaratmaktadır.

Türkiye, Türkmenistan'ın gaz zenginliğinden yararlanabilmek için 4 Ağustos 1993'te Aşkabat'ta Türkmenistan'dan Türkiye'ye doğal gaz gönderilmesi ile ilgili antlaşma imzalamış, bu antlaşma kapsamını Niyazov'un Türkiye gezisi ile geliştirmiştir. Türkmenistan'ın kalkınması elindeki doğal gaz rezerv çıkışının bir an önce gerçekleşmesiyle olabilecektir (Günay, 2005). Türkmen gazının Türkiye'ye ve Türkiye üzerinden Avrupa'ya ulaştırılması, uzun süre tartışılmış ancak 1993 yılında imzalanan anlaşma, özellikle Mavi Akımın hayata geçirilmesi, Hazar'ın statüsü, Hazar gazının uluslararası pazara ulaştırılmasında Azerbaycan'ın öncelik istemesi ve bu nedenle Azerbaycan'ın Türkmenistan gazının Hazar'ı geçip Azerbaycan üzerinden taşınmasına engel olması, Türkmen gazının Rusya'ya alım-satım anlaşmalarıyla bağlanmış olması yüzünden hayata geçirilememiştir (ASAM, Türkmenistan..., 2001, s.86).

Türkmenistan gazının, ülkemize taşınması ve daha sonra Avrupa pazarlarına ulaştırılabilmesi açısından, karşılaşılabilecek olası ve halen devam eden sorunlar şöyle sıralanabilir:

1. Türkmenistan'da kısa dönemde, Türkmenistan - Türkiye - Avrupa hattını ekonomik kılacak (16+14 = 30 milyar metreküp) yatırım olup olmaması,

2. Hazar'ın statüsü sorunu (Rusya ve İran'ın çıkaracağı olası sorunlar),

3. Türkmenbaşı'nın Rusya'ya, yılda kademeli olarak 80 milyar metreküpe ulaşacak gaz satışı için anlaşma imzalamış olması; buna bağlı olarak da Türkiye'ye iletilecek gaz miktarı konusunda sorun yaşanabileceği,

4. Türkmenistan'ın en büyük gaz sahası olan Devletabat sahası gazının mevcut hedefinin Trans - Afgan hattı üzerinden, Asya pazarı olması,

5. Türkiye'nin daha önce Mavi Akım'a öncelik vermesi sürecinde yaşanan güvensizlik ortamının etkileri,

6. Türkmenistan ile Azerbaycan arasındaki sorunlar ve rekabet

7. Rusya'nın bölgedeki etkinliği (sadece siyasi değil, gaz ihraç hatları, gaz dağıtım ve elektrik dağıtım sistemleri üzerindeki tekel konumu, vb...) (Pamir, Türkiye'nin çevre..., 2006, s.34).

Ömür boyu cumhurbaşkanlığına seçilen Niyazov Rusya taraftarı politika izlemiş, doğal gazın tamamını Rusya'ya satarak, Rusya'nın doğal gazı diğer ülkeler üzerinde silah olarak kullanmasına izin vermiştir. Türkmenistan'ın doğal gazını satın alan Rusya kendi doğal gazıyla karıştırarak Batı pazarlarına, hatta Mavi Akım ile Türkiye'ye satmıştır. 21 Aralık 2006'da Türkmenbaşı'nın hayatını kaybetmesiyle gözler yeniden Türkmenistan'a çevrilmiş, Türkmen gazının Avrupa'ya taşınmasını içeren projeler için umut yeniden canlanmıştır. Türkmenistan'ın yeni lideri, Rusya, ABD, AB ve Çin arasındaki jeostratejik savaşın galibini, izleyeceği doğal gaz stratejisiyle belirleyeceğinden buradaki enerji mücadelesi yeniden başlayacaktır (Dilek, 2007, s.10). Şimdilik bu enerji mücadelesinin sonuçları Rusya lehine gelişmektedir. Çünkü Türkmenistan Devlet Başkanı

Kurbangülü Verdimuhammedov, Kazakistan Devlet Başkanı Nazarbayev ve Rusya Devlet Başkanı Putin ile Türkmen gazını dünyaya Rusya üzerinden ulaştıracak bir boru hattının inşası için anlaşmıştır. Üç ülke hükümetinin ortak deklarasyonunda, boru hattının ilk aşamada yıllık 20 milyar metreküp kapasiteli olacağı ve inşası ile ilgili hazırlıkların 1 Eylül tarihine kadar tamamlanacağı açıklanmıştır. Doğal gazda Rus tekelini güçlendiren proje aynı zamanda Türkiye'nin enerji köprüsü olma iddiasını zayıflatmış, ABD ve AB tarafından desteklenen Türkiye geçişli Nabucco projesi böylece zor duruma düşmüştür (Başlamış, 2007, s.22).

5.3.Rusya

Tarih boyunca Rusya boğazlardan sıcak denizlere inme politikasından vazgeçmediği gibi, Avrasya politikasından da vazgeçmemiş; gerek askeri, gerek siyasi olarak bu bölgeleri etkisi altında tutmaya çalışmıştır. Enerji kaynakları açısından oldukça zengin olan bölge, Rusya dışındaki güçlerin de burayla ilgilenmesine, bir şekilde buralara nüfus etmesine yol açmıştır.

Mackinder'in kara hâkimiyet teorisine göre, dünyaya sahip olabilmek için Heartland'e sahip olmak, Heartland'e sahip olmak için de Rimland'e sahip olmak gerekmektedir. Rusya da kendini "ne doğu, ne batı" olarak görmekte, Heartland olduğunu düşünmektedir. Batısında büyük devletler, doğusunda da büyük medeniyetler (Çin, Hindistan) olan Rusya, her zaman Avrasya'ya yönelmiştir (Dugin, 2005, s.5).

Rusya Federasyonu; Hazar, Kafkas ile Asya petrol ve doğal gaz enerji güzergâhlarını kontrol altında tutmaya ve Sovyet cumhuriyetleri üzerindeki etkinliğini ve varlığını korumaya çalışmaktadır. Bunun içinde Sovyetler Birliği döneminden kalan enerji nakil hatlarının geliştirilerek tekrar kullanıma sokulmasına ve geliştirilen projelerin engellenmesine ya da engellenemeyen bölgelerde karışıklık yaratılmasına çalışmaktadır (Yüce, 2005). Ayrıca Rusya bu bölgedeki ülkeleri sömürebilmek, kaynaklarından faydalanabilmek için; devletleri, aralarında sınır problemleri yaşanabilecek şekilde bölmüş, kardeşi kardeşe düşürmüş, eğitimlerini Ruslaştırmaya yönelik vermiştir. Böylece bölgede meydana gelebilecek Pan-Türkizm ve Pan-İslamizm akımlarının önüne geçilmeye çalışılarak, bölgede olası bir birliktelik önlenmiştir.

Rusya günümüzde de Avrasya'dan vazgeçememekte, Çarlık Rusyası'nın ve Sovyet Rusyası'nın yaptığı hataları da analiz ederek buraya olan yaklaşımını geliştirmekte, yeniden bir imparatorluk olacaklarını düşünmektedirler (Dugin, 2005, s.49). Bu imparatorluğun en büyük silahlarından biri enerjidir. Nitekim kısa zaman önce Rusya bu silahını kendinden uzaklaşan eski uydu devletleri üzerinde kullanmıştır. Bu ise AB'de rahatsızlık yaratmış, enerji ithalatçısı olan AB'yi kaynaklarını çeşitlendirme yoluna itmiştir. Bu yüzden Rusya'yı By-Pass edecek ve Hazar doğal gazını Avrupa'ya ulaştıracak alternatif güzergâh arayışları başlamıştır. Rusya'da kendi alternatiflerini genişletmekte, Gazprom ile yeni alanlara açılmakta ve enerji sağlayıcılığı rolünü küresel boyuta taşımaya çalışmaktadır. Sonuç olarak Rusya, doğu - batı ekseninde denge sağlayarak, hem kendi hareket alanını genişletmekte, hem de basamak basamak imparatorluk emellerinde ilerlemektedir (Somuncuoğlu, 2005).

5.4.Çin

19'uncu yüzyılda Türkistan'ın paylaşımı konusunda Batı Türkistanı ve Sibirya'nın tarihi topraklarını Rusya'ya kaptırdığını düşünen Çin, Doğu Türkistan ile yetinmek zorunda kalmış ancak bunu hiçbir zaman hazmedememiştir. 20'nci yüzyılda Çin'in güç kaybetmesinden dolayı bu paylaşım tekrar sorgulanmış ancak iki güç arasındaki anlaşmalar problemi ortadan kaldırmıştır.

20'nci yüzyılın sonlarına doğru Orta Asya Cumhuriyetleri'nin bağımsızlıklarını ilan etmesi Rusya'yı zayıflatmış ve Çin'in Sibirya ve Orta Asya'daki çıkarlarına kavuşacak gücü bulmasını sağlamış ve yüzyılın başındaki roller yer değiştirme konumuna gelmiştir. Bu durum karşısında Rusya, Çin ile işbirliğine gitme yolunu seçmek zorunda kalmıştır. Rusya ve Çin işbirliği her yönde ilerlemiş görünse bile her zaman bir sürtüşme var olmuştur.

1996 yılında Şangay Beşlisi denilen ve Rusya, Çin, Kazakistan, Kırgızistan ve Tacikistan'ın oluşturduğu ittifak (sonrasında Özbekistan da dahil oldu), Orta Asya konusunda çıkarların aynı olduğunun bir çeşit beyanı durumundadır. Ekonominin gelişmesi için esas şart olan 'güvenliğin' ana konu alındığı bu ittifakta, sınır bölgelerinde askerlerin azaltılmasıyla başlayan bölgesel işbirliği, Rusya ve Çin arasında oluşan yeni bir ilişkinin habercisi olmuştur. Ancak Rusya ve Çin'in Şangay İşbirliği Örgütü (ŞİÖ)'ne temel yaklaşımları farklı olduğundan zaman içerisinde bu iki devlet arasında sorunlar baş göstermeye başlamıştır. "Çin ŞİÖ çerçevesindeki işbirliğinde, Orta Asya Cumhuriyetleri ile ikili ilişkilerin geliştirilmesinden yana iken Rusya BDT çerçevesinde, Orta Asya

Cumhuriyetleri ile birlikte kurduğu bölgesel teşkilatların ŞİÖ çerçevesinde bir blok olarak hareket etmesini istemiştir." (Somuncuoğlu, Orta Asya'da...2006) Bunun sonucu olarak Rusya askeri işbirliğine önem verirken, Çin Orta Asya ülkeleri ile ikili askeri ilişkiler içine girmiştir. Böylece Çin bölgede meydana gelen güç boşluklarını ŞİÖ aracılığıyla doldurmak istemiştir. Özellikle Çin'in en büyük sorunlu bölgelerinden biri olan Sincan bölgesinde denetimi arttırmak ve güvenliği sağlamak için ŞİÖ kullanılmak istenmektedir. Çünkü Çin jeopolitiği açısından önem arz eden Sincan, Çin sınırları içerisinde yer almakta ve burada siyasi bağımsızlık talebinde bulunan hareketler Çin tarafından toprak bütünlüğüne yönelik tehdit olarak algılanmaktadır (ASAM, Türk Dünyası..., 2006, s.88).

Bu bölgeyle en çok ilgilenen yine ABD'dir. Çünkü Sincan bölgesi, Çin'in altıda birlik kısmını kapsayan en büyük bölgedir ve Çin'in sahip olduğu yer altı kaynaklarının dörtte üçü buradadır. Ayrıca Kazakistan'dan gelen petrol boru hattı bu bölgeden geçmektedir ve bölge nüfusunun çoğunluğu Türk'tür (ASAM, Türk Dünyası..., 2006, s.310).

ŞİÖ, kuruluşundan itibaren gözlemci yönünden genişleyebilmiştir. Rusya'nın gözlemci olarak istediği Pakistan'a karşı Çin, dengeleyici rol oynaması bakımından Hindistan'ı istemiştir. Aslında bu dengeleme sorunu örgüt kurulduğundan beri mevcuttur. Her ne kadar Rusya ve Çin, ABD ile birçok konuda işbirliği içinde olsalar bile konu Orta Asya olduğundan, ŞİÖ bir yönden ABD karşıtlığını belirtmektedir. Zaten bu karşıtlık 2005 yılında Orta Asya'da mevcut ABD askeri varlığına karşı hazırlanan bir bildiri ile açığa vurulmuştur (Somuncuoğlu, 2006). 5 Temmuz 2006'da Kazakistan'ın başkenti Astana'da yayınlanan söz konusu bildiride, "Afganistan'daki terörle mücadele kampanyasında aktif askeri operasyonlar tamamlanırken, üyesi olan ülkelerdeki geçici altyapının kullanımının ve askeri varlığının sona ermesi için tarih belirlenmesini talep eder." ifadesi yer almaktadır (Oğan, 2005, s.15). Bu askeri varlığa gösterilen tutum konusunda Çin arka planda kalmayı seçmiş ve ABD muhatap olarak karşısında Rusya'yı bulmuştur. Zaten ABD'nin Orta Asya konusunda Çin'i muhatap alması işine gelmemektedir. Diğer taraftan Çin'in Orta Asya'da etkisini artırması ve sadece Orta Asya ülkeleri değil Sovyet ülkeleri çıkarlarına da uyan dengeleyici konuma gelmesi önemli bir konudur.

Çin enerji ihtiyacını doğal olarak Orta Asya kaynaklarından karşılamaktadır. Bugün Çin Kazakistan'dan boru hattı aracılığıyla petrol taşımakta ve Orta Asya petrolünün İran aracılığıyla çıkış bulması projesiyle ilgilenmektedir (Somuncuoğlu, Yeni enerji..., 2006). Ayrıca Türkmenistan ile yaptığı anlaşma ile bu ülkeden 2009 yılında başlamak üzere her yıl 30 milyar metre küp doğal gaz almayı planlamaktadır. Bunun üzerine Türkmenistan'dan uzanan boru hatları sistemini kontrol altında tutan Rusya, Türkmenistan'ın doğal gaz kaynaklarını açıklamasını istemiştir (Somuncuoğlu, Yeni enerji..., 2006). Çin'in desteklediği alternatif hat Rusya'nın enerji ulaşımı konusundaki hâkimiyetini azaltmakta ve Rusya ile Çin arasında büyüyen bu rekabet, Orta Asya ülkelerinin işine gelmekte ve hareket alanlarını genişletmektedir. Çin ekonomisi geçtiğimiz 20 yıllık süreçte dört kez büyüme gösterirken, enerji tüketimi de iki kat artmıştır. Ekonomik gelişme ile enerji talep artışı arasında doğru orantılı bir ilişki vardır. Bu sebeple önümüzdeki 10 yıl içerisinde Çin'in enerji talep artışının geçtiğimiz döneme göre daha fazla olacağı beklenmektedir (Pamir, 2005, s.63). Hâlihazırda Çin enerji ihtiyacının %73'lük bir kısmını kendi ürettiği kömür ile karşılamaktadır. 2005 yılında dünya petrol tüketiminin %8,5'lik kısmını tek başına gerçekleştirmiştir. Bu sebeple ekonomisinin gelişmesini devam ettirebilmek için alternatif enerji yolları üzerine yoğunlaşmaktadır. Özellikle kara geçişli olduğu için Hazar bölgesine yönelmek istemektedir (ASAM, Azerbaycan..., 2001, s.265). Deniz yoluyla ihraç ettiği petrol ABD donanmasının müdahalesine açıktır ve Çin'in donanması yeterince güçlü değildir. Enerji ihracında Çin boru hatları taşımacılığını tercih etmektedir. ABD ise Çin'in büyümesini yavaşlatmak için planlanan boru hattı projelerini engellemeye çalışmakta, Çin'i deniz yoluyla enerji ihraç etmeye zorlamaktadır.

5.5. Kazakistan

Sovyet dönemi sonrası ortaya çıkan ülkelerde petrol zenginliği açısından Kazakistan başı çeken ülkedir. Bu sebeple uluslararası petrol şirketlerinin ilgisini çekmektedir ve bu şirketler Kazakistan'a yatırım yapabilmek ve boru hattı projeleri geliştirebilmek için birbirleriyle mücadele etmektedirler (Aynural, 2006, s.8). Gündemdeki tüm bu projelerin, gerek milyarlarca Dolarlık maliyetleri, gerekse her birini ayrı ayrı dolduracak miktarda petrolün henüz Hazar bölgesinde üretilmiyor olması, tümünün birlikte gerçekleşmesine olanak tanımamaktadır. Mücadele, bu aşamada, daha ziyade "öncelik" sorunu olarak ortaya çıkmaktadır (Pamir, 1999, s.61). Türkiye, ABD, AB gibi ülkelerin önceliği Kazak petrolünün bir an önce BTC'ye bağlanmasıdır. Nitekim Kazakistan da BTC'ye petrol vereceğini açıklamıştır. Ancak hâlâ somut bir adım atılmamıştır. Kazakistan da Türkmenistan gibi boru hatlarında Rusya'nın tekelindedir. Nitekim Kazakistan'ın Karaçaganak Bölgesi'nden çıkarılan doğal gaz boru hatlarıyla Rusya'nın Orenburg şehrine taşınmaktadır. Tengiz petrolleri CPC boru hattı ile Novorossisk'e taşınmaktadır (Aynural, 2006, s.11). Kazakistan CPC hattı ile kapasitesi Bakü'nün ve Rusya'nın kendi petrolleriyle sınırlanan Novorossisk limanını kullanmaktadır ve Türk Boğazları'ndaki mevcut durum nedeniyle Kazakistan'ın uluslararası piyasalara petrolünü ulaştırma problemi net bir çözüm kazanamamıştır (ASAM, Kazakistan..., 2001, s.238).

Zaten Rusya'nın tekelinden kurtulmak isteyen ve çoklu boru hattı politikası izleyen Kazakistan, enerji talebi her geçen gün artan Çin'in enerji talebinin bir kısmını karşılayacak yeni bir boru hattı inşa etmiştir. Böylece zamanla Rusya'ya olan bağımlılığından uzaklaşmaya başlamıştır. Ancak taahhüt etmesine rağmen Kazakistan hâlâ BTC'ye petrol vermemektedir. Orta Asya'nın en büyük petrol üreticisi olan Kazakistan'da hâlâ büyük bir potansiyel vardır. Kazakistan'ın Rusya'dan uzaklaşmak için izlediği çoklu boru hatları politikası fırsat bilinerek, Tengiz petrolünün Hazar Denizi'nden Bakü'ye, oradan da Azeri petrolü ile birlikte Akdeniz'e ulaştırılması sağlanmalıdır.

5.6. İran

İran; Ortadoğu'da, Umman ve Basra Körfezleri ile Irak, Pakistan ve Hazar Denizi arasında kalan bölgede konumlanmıştır. Şah'ın devrilmesinden sonra 1979'da İran İslam Cumhuriyeti adını almıştır ve teokratik bir rejimle yönetilmeye başlamıştır (Cankara, 2005, s.55). İran, bölgedeki petrol ve doğal gaz rezervlerinin büyüklüğü ile bölgede yadsınamaz bir güçtür. Ayrıca, gerek dinsel etkenler, gerekse ortak sular ve ortak sınırlar nedeniyle Azerbaycan, Türkmenistan gibi ülkeler üzerinde de önemli ağırlığı vardır. İran, Türk Cumhuriyetleri'ne yönelik etkinlik, teknik ve ekonomik yardım, kültürel ve tarihi bağlar ve gerektikçe dini rehberlik gibi unsurlarla oluşturduğu kombine tesir ağı ile nüfuzunu artırma çabalarını sürdürmektedir (ASAM, 1999, 223). Bölgedeki ve uluslararası alandaki etkinliği, son yıllarda ABD'nin bu ülkeyi terörist ülkeler arasında sayması nedeniyle koyduğu ambargo ile sınırlanmışsa da, özellikle dev petrol ve doğal gaz rezervleri ile İran, her zaman batılı şirketlerin ilgi alanındadır. Bölgede yatırım yapan birçok şirket, ihraç olanakları açısından da, İran'la ilişkilerini yumuşatması için ABD yönetimini zorlamaktadır. Öte yandan, İran'ın özellikle Hazar'ın statüsü konusunda Rusya ile birlikte izlediği politika da, İran'a politik yönden bir diğer desteği ifade etmektedir. Bu nedenlerle İran, bölgeye yönelik petrol ve doğal gaz projelerinde dikkatle izlenmesi ve stratejik planlamalarda mutlaka önemle gözetilmesi gereken bir güçtür. (Pamir, 1999, s.42)

İran, Hazar Petrollerinin çıkarılması ve taşınması konusunda Rusya ile aynı tezleri savunmaktadır. İran'ın bu tutumunda politik çıkarları ve Rusya'nın kendisini yanına almak için imzaladığı nükleer santral anlaşması önemli rol oynamaktadır. Ayrıca İran'da yaşayan yaklaşık 30 milyon Azeri nüfusun milliyetçilik akımlarının harekete geçirileceği endişesi de mevcuttur. Hâlihazırda İran'ın 3/7'lik kısmını Azeri Türkleri oluşturmaktadır ve bunların nüfus artış hızları Fars nüfusununkinden daha fazladır (ASAM, Azerbaycan..., 2001, s.341). Bu Türkler çoğunlukla Güney Azerbaycan dediğimiz bölgede yaşamaktadırlar ve İran'a karşı bir koz olarak ABD tarafından kullanılmak istemektedirler. İran'ın Rusya'ya desteği, kendilerine nükleer teknoloji aktarma ve İran'daki Azeri nüfus ile ilgili Azeri milliyetçiliği tezinde destek vaatlerinden kaynaklanmaktadır. Rusya'nın öne sürdüğü petrol yataklarının ortak kullanımı tezi İran'a da yarar sağlayacak, konsorsiyumda bulunmamasına rağmen İran'ın çıkan petrolden %20'lere varan pay almasını sağlayacaktır.

Kuzey İran'da Azerbaycan'dan daha fazla Azeri yaşadığı için Tahran, Kuzey İran'da ayrılma taraftarı bir harekete dönüşebilecek potansiyel ilhaktan endişe duymaktadır. Açıkça Türk yanlısı, gizliden gizliye tümden Azerici 1992-93 Elçibey hükümetinin izlediği politika Tahran'a bir uyarı sinyali göndermiştir. O zamandan bu yana İran, Bakü Körfezi'ndeki Türk etkisini kırmak için Rusya'nın gayretlerine destek vermektedir. İran bir yandan dönemin Cumhurbaşkanı Haydar Aliyev'e kendini güvenilir bir ortak olarak gösterirken, diğer yandan Ermeni tarafını tutarak Dağlık Karabağ sorununun devam etmesine çalışmıştır. Bu yüzden de Türkiye'nin Kafkaslardaki konumu açısından güçlük çıkarttığı rahatlıkla söylenebilir (Kramer, 2001, s.216).

İran'ın Hazar bölgesi petrollerinin dünya pazarlarına taşınmasında üzerinde durduğu ve kendisine fayda sağlayacak bir yöntemi de hayata geçirmeye çalıştığı görülmektedir. Öncelikle İran'ın mevcut petrol sektörü genelde ülkenin güneyinde ve Körfez'e yakın bölgelerde olduğundan, rekabet açısından bir avantaja sahiptir. Buna karşın, belli başlı şehirleri, bir başka tanımla enerji (petrol) tüketim alanları (Tahran. Tebriz,..vs..) ülkenin kuzeyindedir. İran, Hazar bölgesi petrolü için bölge ülkelerine "Biz sizin petrolünüzü Hazar'ın güneyindeki, yani İran'ın kuzeyindeki bir limandan alalım, bunun karşılığında ise eşdeğer hacimdeki İran petrolünü, size Körfez'de teslim edelim" demektedir. "Swap - takas" adı verilen bu yöntemle her iki taraf da kârlı çıkmaktadır. Taşıma mesafeleri ve buna bağlı olarak da taşıma masrafları azalmaktadır. Bu durum, Azerbaycan ve diğer şirketler açısından tercih edilebilir bir seçenektir. Ancak, Azerbaycan için İran ve Ortadoğu petrolü, pazarda rekabet edeceği bir unsur olduğundan, bu yol stratejik açıdan tercih edilir değildir (Pamir, 1999, s.60).

Güney Azerbaycan'da ayaklandırılmaya çalışılan Türkler, hâlihazırda uygulanan ambargo ve BM nükleer çalışmaları durdurması için İran'a yaptığı baskılar İran'ı köşeye sıkıştırmıştır. Bunun sonucunda İran, petrolü bir şantaj aracı olarak kullanmaya başlamış, kendisine yapılacak herhangi bir müdahalede Hürmüz Boğazı'ndan petrol tankerlerinin geçişini keseceğini ve bu müdahaleye destek veren ülkelerde terör saldırılarının gerçekleştirilebileceğini açıklamıştır (ASAM, Türkiye..., 2006, s.38). Günümüzde halen İran ile AB ve ABD arasında yaşanan gerilim devam etmektedir. Bu sebeple İran, doğal gaz ve petrol zengini olmasına rağmen en azından Türkiye üzerinden gerçekleştirilecek boru hattı projelerine katılamamaktadır.

5.7. Ermenistan

Ermenistan, İran'ın Kafkasya'da Türkiye-Azerbaycan işbirliğini dengeleyebileceği bir ortak olarak görülmektedir. SSCB'nin dağılmasından sonra kuzeyde bağımsız Azerbaycan'ın yarattığı örneğin, nüfusunun en az %35'i Azeri soyundan olan İran'ın bekası için tehlikeli olabileceği algılaması da aynı şekilde, içte Ermeni toplumunu rejimin bir ortağı konumuna getirmiştir. İran'ın Ermenistan ile geliştirdiği ilişkiler ve Yunanistan'ın bu bloğa verdiği destek, takip edilmesi gereken bir husustur (Balbay, 2006, s.63). İçindeki Azerilerin yönünün Azerbaycan'a dönmesinden endişe eden İran, Ermenistan'a özel bir önem vermektedir. Bununla ise, Azerilerin daha çok Ermenilere kaptırdıkları topraklan düşünmeye zaman ayırmalarını amaçlamaktadır (Balbay, 2006, s.63).

Rusya, Ermenistan'ın, Azerbaycan'ı işgalini açıkça desteklemiş, müteakiben Rus Ordusunu Ermenistan topraklarında konuşlandırarak, bu ülkeye konvansiyonel silah satışını sürdürmüştür. Rusya, bu manevra ile bir yandan ABD ve Fransa'da yaşanan Ermeni Diasporasını siyasal baskı unsuru olarak kullanmayı hem de tarihsel Türk-Ermeni uyuşmazlığının dengelerinden istifade ile Batı'nın dolaylı desteğini planlamıştır. (Asam, 1999, s.294).

Bölgede Rusya ve İran'ın desteğini alarak tampon ülke olarak kullanılan Ermenistan, şu ana kadar gerçekleştirilen ve gerçekleştirilmek istenen tüm projelerin dışında bırakılmaktadır. BTC ile By-Pass edilen Ermenistan, Kars - Tiflis - Kahalkek - Bakü Demir Yolu Projesi'nden de dışlanmıştır. Türkiye ve Azerbaycan'a karşı saldırgan politikasından vazgeçmedikçe, işgal ettiği topraklardan çıkmadıkça Ermenistan bu bölgede dışlanmaya devam edecek, dışlandıkça ekonomisi ağır darbe alarak zayıflayacak, buna kaşın Türkiye - Azerbaycan ilişkileri artan bir ivmeyle gelişecektir. Doğru vakit geldiğinde Azerbaycan işgal altındaki topraklarını geri alabilecektir.

5.8.Bölgede Mevcut Boru Hatları ve Projeleri

Hazar bölgesi ve Orta Asya'daki mevcut kaynaklar dünyanın enerji ihtiyacının önemli bir kısmını karşılayabilecek düzeydedir ve Sovyetler Birliği dağıldıktan sonra bölgede hiçbir gücün üstünlüğü kesinleşmiş durumda değildir. Bölge ile ilgili en önemli sorun, bu kaynakların dünya piyasalarına taşınması ile ilgilidir. Bu safhada Türkiye'nin coğrafi konumu ve sözü geçen ülkelerle olan tarihi ve kültürel bağları, Türkiye için önemli bir fırsat yaratmaktadır. Hâlihazırda topraklarında yeterince petrol ve doğal gaz üretimi yapılmayan ülkemiz, yakın bölgedeki kaynakların taşınmasında oynayacağı rol ile bu açığını büyük oranda kapatabilecek, hatta önemli bir avantaja çevirebilecektir.

5.8.1 Kazakistan-Çin Petrol Boru Hattı (Doğu Hattı)

Günümüzde dünyanın ikinci petrol tüketicisi Çin'in en büyük petrol şirketi Çin Ulusal Petrol Şirketi (CNPC) Kazakistan'da faaliyet gösteren ve ülkedeki petrolün %9,5'ini çıkaran PetroKazakistan şirketini 2005 yılında 4,2 milyar Dolar'a satın almış, bu hat ile de Kazakistan petrolünü Çin'in kuzeybatısına taşımaya başlamıştır (Nogayeva, 2007, s.8). Toplam uzunluğu 3.088 km olan hattın Kazakistan kısmı 2.818, Doğu Türkistan kısmı ise 270 km uzunluktadır. Kazakistan-Çin boru hattının inşasına Eylül 2004'te başlanmış, 700-850 milyon Dolarlık bir maliyetle 25 Mayıs 2006'da tamamlanmıştır. Bu boru hattıyla Çin, Kazakistan'dan yıllık ihtiyacının 1/6'ini karşılamayı planlamaktadır. İki ülke arasında varılan anlaşmaya göre, ilk beş yıllık dönemde hattın yıllık petrol aktarma miktarı 10 milyon ton petrol olacak, bu miktar 2010 yılında 20 milyon ton petrole çıkacaktır (Ekrem, Pekin'in..., 2006, s.22).

Bu hat sayesinde Çin, hızla büyüyen ekonomisini komşu Kazakistan'daki petrol ve doğal gaz kaynakları sayesinde güvence altına almış, kendi mallarını Kazakistan topraklarından Avrupa pazarına iletmeyi ve karşılıklı ticareti geliştirmeyi amaçlamıştır. Ayrıca yıllardır petrol kaynaklarını sadece Rusya üzerinden dünya pazarlarına sunabilen Kazakistan, artık farklı alternatifleri uygulamaya geçirme imkânı bulmuştur. Bu hat Kazakistan'ın Rusya'ya bağımlılığını azaltmakla birlikte, enerji alanındaki pazarlık gücünü de arttırmıştır (Mayamerova, 2005, s.19).

İleride Kazakistan-Çin petrol boru hattına Rus petrolü de bağlanabilirse Çin'in petro-güvenlik stratejisinin önemli bir kısmı tamamlanmış olacaktır. Bu sebeple ABD, Çin-Kazakistan petrol boru hattından rahatsızlık duymakta, Çin'in yurtdışı enerji projelerini engellemeye çalışmaktadır. ABD'nin bu politikasının nedeni Çin'in yükselişini engellemektir. ABD bir yandan Kazakistan'a ekonomik ve askerî yönden destek vererek taviz almaya çalışmakta, diğer yandan da Kazakistan petrol şirketlerine baskı yaparak Çin-Kazakistan petrol boru hattından vazgeçmelerini ve Kazakistan'ın BTC boru hattına destek vermelerini istemektedir. Çünkü Kazakistan petrolü BTC boru hattına bağlandığı takdirde, ABD'nin doğu - batı koridorunda enerji terminali olması için desteklediği Türkiye'nin konumunu güçlendirecek, Çin büyük bir ekonomik kayıpla yüz yüze kalacak ve bu durum uzun vadede Çin'in enerji güvenliğini de tehdit edecektir (Ekrem, Pekin'in..., 2006, s.22).

Çin-Kazakistan petrol boru hattı, Çin'in deniz yoluyla petrol ithal etmesinden daha güvenli ve ekonomiktir. Güney Amerika, Afrika ve Körfez bölgelerinden Çin'e ihraç edilen petrol Hint Okyanusu ve Pasifik Denizi'nden geçmekte olup, bu bölgeler ABD donanmasının kontrolü altındadır. ABD istediği zaman Çin'in enerji yolunu denizden kesebilecek güce sahiptir ve Çin'in denizden kendi enerji yolunun güvenliğini koruyacak yeterli güce sahip deniz kuvveti bulunmamaktadır. Bu nedenle Çin için en uygun ve ekonomik enerji taşıma yolu karadandır (Ekrem, Pekin'in..., 2006, s.22). Özellikle ABD'nin Irak'ı işgal etmesinin ardından, enerji ithalatının %55-60'ını Ortadoğu bölgesinden deniz yoluyla gerçekleştiren Çin'in, Orta Asya enerjisine yönelik daha somut adımlar atmaya başlaması, Kazakistan ile olan ilişkilerini geliştirerek kaynak çeşitliliği yaratma çabaları anlaşılabilir bir durumdur (Kıraç ,2005, s.17).

Çin'in enerji güvenliğini istediği zaman denizden kesebilecek ABD, Çin'in kara yoluyla enerjiyi kolayca temin etmesini istememekte, bu sebeple Kazakistan'a BTC'ye petrol verme hususundaki baskılarını devam ettirmektedir.

5.8.2 Bakü-Novorossisk Erken Üretim Petrol Boru Hattı

1995 yılında Azeri, Güneşli ve Çıralı petrol sahalarından elde edilen petrolün iki yoldan Karadeniz'e ulaştırılması kararlaştırılmıştır. Bunlardan biri olan Bakü–Novorossisk hattı 1997 yılında işletilmeye başlanmıştır. Sovyetler Birliği döneminden kalan bu boru hattı, Bakü'den Azerbaycan sınırına kadar 224 km ve toplamda 1.411 kilometre uzunluğunda olup, yıllık 5,75 milyon ton taşıma kapasitesine sahiptir. Bakü-Novorossisk hattı Çeçenistan Özerk Cumhuriyeti başkenti Grozni üzerinden geçmekteyken 1990'ların sonlarında yaşanan sorunlar nedeniyle hat üç kez kapanmak zorunda kalmıştır. Bu sebeple Bakü-Novorossisk için Grozni'yi By-Pass eden kısım yapılarak hat Rusya'nın Karadeniz kıyısındaki Novorossisk Limanı'na ulaştırılmıştır (Aslanlı, Yüzyılın Enerji..., 2006, s.12).

Şekil.5.1. Bakü – Novorossisk Erken Üretim Petrol Boru Hattı

Sarıkaya, 2003, s.73

Bakü-Novorossisk'ten petrol taşımak Azerbaycan'a her varilde daha pahalıya mal olmaktadır. 2005 yılında Bakü-Novorossisk'ten 4.13 milyon ton petrol sevk eden Azerbaycan, Azeri petrolünü Karadeniz'e taşıyan diğer hat Bakü-Supsa ile karşılaştırıldığı zaman yaklaşık 300 milyon Dolar zarar etmiştir. Azerbaycan bu bedeli hem BTC'nin tam olarak faaliyete geçmemesi nedeni ile hem de Rusya ile siyasi ilişkilerde ABD - Rusya dengesini koruyabilmek için ödemiştir (Veliev, Kafkaslarda..., 2006, s.14).

Bu hattın erken üretim hatlarından birisi olarak tercih edilmesinde, Rusya çok ısrarcı davranmıştır. Bu hatta yeşil ışık yakılmış ancak buna paralel, söz konusu hatta alternatif olabilecek batı hattı (Bakü-Supsa) projesinin gerçekleştirilmesine de karar verilmesi sağlanmıştır (Aslanlı, Yüzyılın Enerji..., 2006, s.12). Bu hatta gelen petrol Karadeniz'den taşınmakta, Akdeniz'e inmesi için boğazlar kullanılmaktadır. 1994 yılında Türkiye'nin çıkardığı boğazlar tüzüğü sayesinde Türk Boğazları'ndaki tanker trafiğine kısıtlama getirilmiştir. Türkiye'nin istediği Novorossisk limanına gelen petrolün Samsun - Ceyhan arasına döşenecek boru hattı ile Akdeniz'e ulaştırılmasıdır. Ancak Rusya BTC ile konumunu güçlendirmiş Türkiye'nin, Samsun - Ceyhan ile daha da güçlenmesini istememektedir. Bu sebeple boğazları By-Pass edebilmek için Burgaz - Dedeağaç hattını tercih etmekte, Yunanistan ile bu yönde anlaşmaya çalışmaktadır.

5.8.3 Bakü-Supsa Erken Üretim Petrol Boru Hattı

Batı hattı olarak adlandırılan ikinci hat da Bakü - Supsa (Gürcistan) hattıdır. Erken üretim petrolünün taşınmasında stratejik üstünlük ve tekel konumunu Rusya'ya bırakmak istemeyen Azerbaycan yönetimi, 8 Mart 1996'da Tiftis'te Gürcistan yetkilileriyle bir araya gelerek, erken petrolün

Azerbaycan'dan Gürcistan'a taşınmasına ilişkin bir anlaşma imzalamıştır. Gürcistan Uluslararası Petrol Şirketi (GIOC) ile Azerbaycan Uluslararası Petrol Şirketi (AIOC) arasında boru hattının yapımına ilişkin anlaşma 30 yıllığına imzalanmıştır. 17 Kasım 1999'da kullanıma girmiş olan Bakü-Supsa Erken Üretim Petrol Boru Hattının kapasitesi Bakü - Novorossisk'te olduğu gibi yıllık 5 milyon tondur. Toplam 830 kilometre uzunluğundaki hattın 480 kilometrelik kısmı Azerbaycan toprakları içinde yer almaktadır. Bu hat sayesinde Azerbaycan ve Gürcistan arasındaki ilişkiler gelişmiş, iki ülke siyasi ve ekonomik olarak Rusya'dan uzaklaşabilmiştir (Aslanlı, Yüzyılın Enerji..., 2006, s.12).

Şekil.5.2. Bakü – Süpsa Erken Üretim Petrol Boru Hattı

Sarıkaya, 2003, s.73

Bakü-Novorossisk hattı için dile getirilen Türk Boğazları'nın aşırı kapasitesi sorunu Bakü-Supsa hattı için de mevcuttur. BTC sayesinde Türkiye ile ilişkileri gelişen ve ülke istikrarı her geçen gün artarak Rusya'dan uzaklaşan Gürcistan, Samsun - Ceyhan hattına karşı çıkmamaktadır. Çünkü Türkiye Gürcistan'a verdiği siyasi ve ekonomik desteğin yanı sıra askeri alanda da destek vermekte, Gürcistan Silahlı Kuvvetleri'nin iyileştirilmesi kapsamında kullanılmak üzere her yıl ortalama 4 milyon Dolar hibe yardımında bulunmaktadır (Mert, 2004, s.283). Bu sebeple Türk Boğazları'nı By-Pass seçeneği gündeme geldiğinde Gürcistan'ın desteği Samsun - Ceyhan hattından yana olacaktır.

5.8.4 Hazar Boru Hattı (Caspian Pipeline Consortium-CPC)

Kazakistan'dan ve Rusya üzerinden geçerek, Novorossisk yakınında yeni yapılacak bir yükleme sistemi ile Karadeniz'e, ilk aşamada 28 milyon ton, ikinci aşamada ise yılda 70 milyon ton petrol taşıyacak olan hattı inşa eden üç devlet ve çok sayıda şirketin oluşturduğu konsorsiyumdur. Kazakistan şu an petrolünün büyük bir bölümünü Rusya'nın Novorossisk limanı üzerinden dış pazarlara ihraç etmektedir. Rusya, Kazakistan ve Umman tarafından 27 Kasım 2001'de faaliyete geçirilen CPC, Kazakistan'ın, büyük çoğunluğu Tengiz'den gelen ham petrolünü Karadeniz'e ulaştırmaktadır. 3-5 Nisan 2006 tarihleri arasında Rusya'ya resmi ziyaret gerçekleştiren Kazakistan Devlet Başkanı Nursultan Nazarbayev, CPC'nin kapasitesinin 28 milyon tondan 67 milyon tona çıkarılması konusunda Rusya ile anlaştığını duyurmuştur. Böylece Kazak-Rus enerji işbirliği daha da önemli bir boyut kazanmıştır (Kıraç, 2006, s.18).

Şekil 5.3 Hazar Boru Hattı

Sarıkaya, 2003, s.73

Novorossisk'ten tankerlere yüklenecek olan petrol Karadeniz'den ya Türk Boğazları kullanılarak ya da yapımı planlanan Burgaz - Dedeağaç veya Samsun - Ceyhan ile dünya pazarlarına ulaştırılacaktır. Kazak petrolünün neredeyse tamamının bu hatta garanti olarak verilmesi, Kazakistan'ın Çin'e ayrıca CNPC ile yıllık 10 milyon ton petrol vermesi, Bakü - Ceyhan'ın gereksinim duyduğu Kazak petrolü açısından büyük bir sıkıntı yaratmaktadır (Pamir, 1999, s.71). ABD, Kazak petrolünün BTC üzerinden ya da Samsun - Ceyhan ile Akdeniz'e ulaştırılmasını istemekte, bu yönde baskı kurmaktadır.

5.8.5 Bakü-Tiflis-Ceyhan Petrol Boru Hattı

Azerbaycan'da üretilen ham petrolün Gürcistan üzerinden Ceyhan'a, oradan da tankerlerle dünya pazarlarına Bakü – Tiflis - Ceyhan petrol boru hattıyla ulaştırılması amaçlanan hattın toplam uzunluğu 1.776 km olup, bunun 1.076 km'lik kısmı Türkiye sınırları içerisindedir. Hattın yıllık kapasitesi 50 milyon tondur. İlk petrol dolum tarihi 25 Mayıs 2005 olup, ilk tankere petrol yükleme tarihi 4 Haziran 2006'dır (BOTAŞ, 2006, s.63). Bu hat ile hâlihazırda bölge petrolü açısından önemli bir pazar konumunda olan Türkiye, taşınacak petrolün bir bölümüyle petrol talebinin bir kısmını karşılayabilecektir.

Ceyhan Limanı'nın Karadeniz'deki Supsa ve Novorossisk limanlarına nazaran en büyük avantajı, Karadeniz'de yılın 100 günlük bir kısmında çetin hava şartlarından dolayı tankerlere yükleme yapılamazken, Ceyhan Limanı'nda hemen hemen her gün dolum yapılabilmektedir. ABD'nin bu hatta destek vermesinin asıl nedeni ekonomik olmasından çok, bu boru hattı aracılığıyla Güney Kafkasya ve Orta Asya üzerindeki kontrolünü güçlendirerek Rusya ve İran'ın nüfuzunu azaltmak; bir yandan da Hazar bölgesini güvenilir ve istikrarlı bir petrol ve doğal gaz kaynağı haline getirmektir. Bu sayede Türkiye enerji terminali olma yolunda ilerlerken, ABD de stratejik enerji hammaddelerinin Akdeniz'de toplanmasını sağlamayı hedeflemiştir. Böylece ABD, enerji hammaddesi üretenlerin ve tüketenlerin kontrolü sağlanacak, gelecekte dünya sanayisini, teknolojisini ve ekonomisini kontrol edilebilecektir (Hergüner, 2007, s.14). Bu sebeple ABD Hazar petrollerini Ceyhan Limanı'na getiren BTC'ye destek vermiş, Karadeniz petrolünü Ceyhan Limanı'na indirecek olan Samsun - Ceyhan hattına da destek vermektedir. Çin, BTC hattının bölgedeki Türkleri birbirine yakınlaştıracak olmasından ve Kazakistan'ın bu hatta petrol vermesiyle kendisine akacak petrolün azalma riski bulunmasından dolayı bu hatta karşı çıkmaktadır. İleride bu hat Kazakistan'ın Aktau şehrine uzatılıp Aktau - Bakü - Tiflis - Ceyhan hattı haline gelebilirse ABD, Çin'e karşı yeni bir siyasi koz kazanmış olacaktır (Ekrem, Boru hattı..., 2006, s.21).

5.8.6 Kerkük – Yumurtalık Ham Petrol Boru Hattı

Ceyhan Limanı'na petrol getiren bir başka boru hattı da Irak - Türkiye ham petrol boru hattıdır. Irak'ın Kerkük ve diğer üretim sahalarından elde edilen ham petrol Ceyhan (Yumurtalık) Deniz Terminali'ne bu boru hattı ile taşınmaktadır. 1976 yılında işletilmeye başlanan hattın yıllık taşıma kapasitesi 35 milyon ton olup, ilk tanker yüklemesi 25 Mayıs 1977'de gerçekleştirilmiştir. Bu boru hattına paralel bir hat daha yapılmış, ikinci hat 1987 yılında işletmeye sokulmuştur. Böylece boru hattının kapasitesi yıllık 70,9 milyon tona çıkarılmıştır (BOTAŞ, 2006, s.27).

Şekil 5.4. Kerkük - Yumurtalık Petrol Boru Hattı

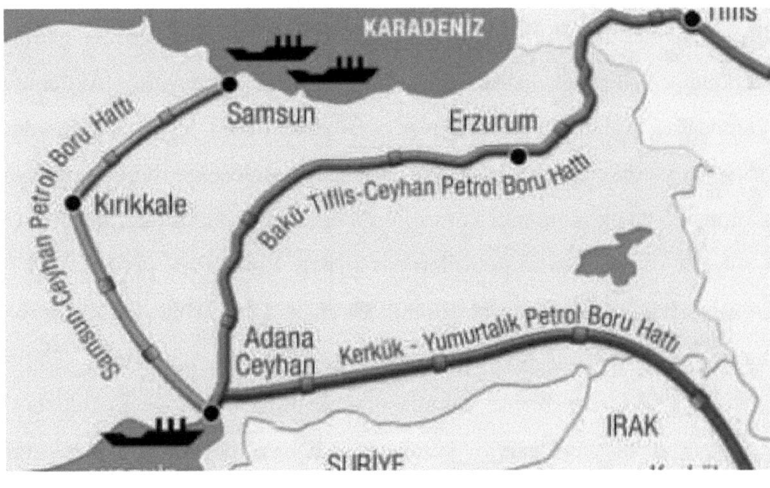

BOTAŞ, 2006, s.64

Körfez Krizi sırasında BM'nin Irak'a uyguladığı ambargo nedeniyle Ağustos 1990'da Irak - Türkiye ham petrol boru hattı işletmeye kapatılmıştır. BM'nin 14 Nisan 1995 tarih ve 986 sayılı kararıyla 16 Aralık 1996 tarihinde sınırlı petrol sevkiyatı için tekrar işletmeye alınan hat ile 2005 yılında 1,78 milyon ton petrol taşınmıştır (Botaş, 2006, s.30). Kerkük-Yumurtalık Petrol Boru Hattı ile 29 yıldır Irak petrolü Ceyhan Limanı'ndan Akdeniz'e akmaktadır. Yıllık kapasitesi 71 milyon ton olan hat, uygun barış ortamı sağlanırsa iki misline yakın kapasite artırımına uygundur. (Hergüner, 2007, s.14). 1 Mart tezkeresiyle ABD'nin Irak konusunda Türkiye'ye olan güveni sarsılmış olsa da, bu kadar yüksek miktardaki petrolü ihraç edebileceği bir güzergâh mevcut değildir. Olsa bile hiçbir hat Türkiye'den geçen hat kadar güvenli olamayacaktır. Bu sebeple ileride bu hattın tam kapasiteyle işletmeye açılabilme ihtimali mevcuttur.

5.8.7 Samsun - Ceyhan Petrol Boru Hattı Projesi

Rusya, Gürcistan, Ukrayna, Romanya, Bulgaristan ve Moldova'dan çıkan binlerce geminin dünyaya açılan tek kapısı boğazlardır ve boğazlar her geçen gün artan petrol trafiği için yetersiz kalmaktadır. Bu sebeple boğazları By-Pass eden projeler geliştirilmiştir. Petrolünü tek bir hat üzerinden Avrupa'ya taşımayı istemeyen Rusya, Ukrayna üzerinden yaptığı geçişe ek olacak yeni seçenekler üzerinde durmuştur. Böylece Batı Avrupa ve ABD'nin artan petrol ihtiyacını karşılamak üzere dört boru hattı projesi tasarlanmıştır. Bu projelerden üçü Balkanlardan geçen, Burgaz - Dedeağaç, Burgaz - Vlore, Köstence - Trieste hatlarıdır. Dördüncüsü ise Türkiye'nin istediği Samsun - Ceyhan hattıdır (Yaşın, 2005, s.17). Bu hattın yıllık kapasitesinin 70 milyon ton olması planlanmıştır. Rus ve Kazak petrolünü bu hat ile hem İsrail'e hem de Uzak Doğu'ya güvenilir ve daha çabuk bir şekilde ulaştırılması planlanmıştır. Böylece Karadeniz, Kızıldeniz'e bağlanacaktı. Ancak İran Samsun - Ceyhan boru hattının kullanılmasına karşı çıkmıştır. Rusya da, dünya pazarına ulaştırılacak petrolü Türkiye'nin tekeline bırakmak istememiş, bu sebeple diğer hatlar üzerine yoğunlaşmıştır (Gürer, 2007, s.6).

Şekil 5.5 Samsun - Ceyhan Petrol Boru Hattı

BOTAŞ, 2006, s.64

BTC'den sonra en önemli projelerden biri olan ve Türkiye'nin konumunu daha da güçlendirebilecek olan proje ne yazık ki hayata geçirilememiştir. Özellikle Türkiye'nin Mavi Akım'ın kapasitesini arttırmak yerine, Şahdeniz projesi kapsamında Azerbaycan'dan doğal gaz almaya başlaması, Rusya'yı Yunanistan ve Bulgaristan ile masaya oturmaya itmiştir. Böylece 13 yıllık beklemenin ardından yapılan anlaşma ile boğazları By-Pass eden Burgaz - Dedeağaç petrol boru hattı projesi kesinlik kazanmıştır. Türkiye'nin önerdiği Samsun - Ceyhan Boru Hattı projesi de yeterli siyasi destek bulamaması nedeniyle gündemden düşmüştür. ABD'nin Rusya ile enerji alanında işbirliği yapılmaması yönündeki baskıları dinlemeyen Yunanistan ve Bulgaristan böylece dünya enerji haritasında yer almaya başlamıştır. Türkiye yine petrol dağıtımında merkez ülkelerden biri olarak kalmıştır ancak bu alandaki önemi BTC ve Kerkük - Yumurtalık hatlarıyla sınırlı kalmıştır (Yaşın, 2007, s.8).

5.8.8 Hazar Geçişli Türkmenistan - Türkiye - Avrupa Doğal Gaz Boru Hattı Projesi

Bu boru hattı projesi ile Türkmenistan'ın güneyindeki sahalardan çıkarılan doğal gazın Hazar geçişli bir boru hattı ile Türkiye'ye, oradan da Avrupa'ya taşınarak Türkiye ve Avrupa'da meydana gelmesi beklenen doğal gaz açığının bir bölümünün karşılanması planlanmıştır. Başlangıçta İran geçişli olarak öngörülen güzergâh, ABD'nin İran'a uyguladığı yaptırımlar nedeniyle Hazar geçişli olarak revize edilmiştir. Proje hem Türkmen doğal gazının Türkiye ve Avrupa'ya açılmasında bir araç olarak görülmüş, hem de Türkiye ve Avrupa'nın doğal gaz talebi açısından kaynak çeşitlendirme politikasının bir parçası olarak değerlendirilmiştir. Bu sebeple Türkmenistan ile 1998 yılında anlaşmaya varılmıştır. Buna göre 30 milyar metreküplük Türkmen doğal gazının 16 milyar metreküplük kısmını Türkiye tüketecek, 14 milyar metreküplük kısmı ise Nabucco projesi ile Avrupa'ya taşınacaktır (BOTAŞ, 2006, s.68).

Şekil 5.6 Trans Hazar Boru Hattı Projesi

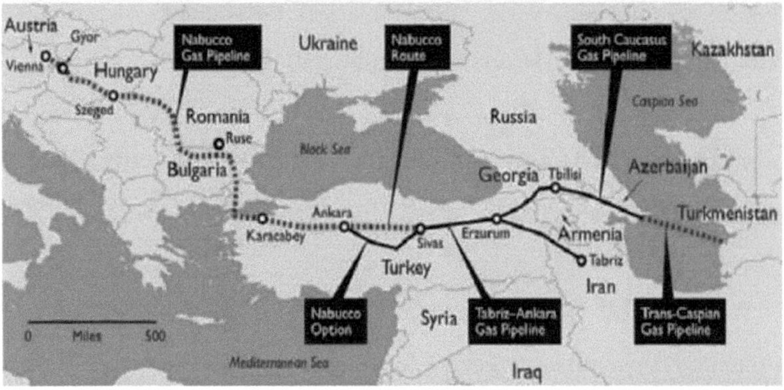

30 yıl süreli anlaşmaya göre, gaz teslimatlarının 2002-2004 döneminde başlaması planlanmıştır. Doğal Gaz Alım-Satım Anlaşmasına göre, doğal gaz, Türkmenistan'dan Türkiye - Gürcistan sınırında teslim alınacaktı. Türkiye bu anlaşma ile kendi üstüne düşen yükümlülüklerin tümünü yerine getirmiştir. Ancak hattın Gürcistan sınırına kadar olan ve Türkmenistan'ın sorumluluğunda olan bölümü ile ilgili çalışmalarda bir gelişme gösterilmemiştir (BOTAŞ, Hazar Geçişli..., 2007). Türkmen gazını ihraç edecek boru hatlarının Rusya'nın tekelinde olmasından dolayı, Türkmenistan bu projeye istekli olmuştur. Ancak Azerbaycan'ın Şahdeniz sahasında önemli büyüklükte doğal gaz rezervinin tespit edilmesi, Türkmen gazının ihracı için gerçekleştirilecek olan 30 Milyar m^3/yıl kapasiteli boru hattında Azerbaycan'a da 5 Milyar m^3/yıllık kota ayrılmasını gündeme getirmiştir.

Azerbaycan'ın kendi gazını Türkmenistan'dan daha önce Türkiye'ye ihraç etmek istemesi, Türkmenistan'ın Azerbaycan ile proje üzerinde ve Azerbaycan'dan sevk edilecek doğal gaz miktarları hususunda mutabakata varamamaları anlaşmazlık yaratmaktadır. Diğer yandan Türkiye'nin Mavi Akım'ı hayata geçirerek doğal gaz kotasını doldurmasıyla, Türkmenistan yeniden Rusya'ya yönelmek ve ucuz fiyattan gaz satmak zorunda kalmıştır. Çünkü mevcut şartlarda Türkiye'nin Türkmenistan'dan gelecek 30 milyar metreküplük gazın 16 milyar metreküplük kısmını tüketmesi gibi bir ihtimali bulunmamakta, çünkü ithal ettiği gazın hepsini tüketememektedir. Ayrıca Türkmenistan'ın yeni Devlet Başkanı Kurbangülü Verdimuhammedov, Türkmen gazını dünyaya Rusya üzerinden ulaştıracak bir boru hattının inşası için anlaşması ve yıllık 20 milyar metreküplük gazını bu hatta vereceğini taahhüt etmesi, Türkiye ile planlanan projenin rafa kaldırılmasına yol açmasa da daha ileriki yıllara tehir edilmesine sebep olmuştur. Bu projenin faaliyete geçirilmesi için Türkmen tarafının alacağı karar beklenmektedir (ASAM, Özbekistan..., 2001, s.237).

Projenin hayata geçirilmesini en çok isteyen ABD'dir. Çünkü ham petrol boru hattında olduğu gibi bu hatla da Rusya ve İran toprakları kullanılmaksızın gaz taşımacılığı amaçlanmıştır. Bu sebeple projenin zemin ve çevre etütlerinin finansmanı ABD Merkez Bankası tarafından yapılmıştır. Projeye en çok karşı çıkan ise Rusya'dır ve Türkiye'yi Mavi Akım'dan gelen doğal gazın fiyatını arttırmakla tehdit etmektedir (Gürer, 2007, s.6)

5.8.9 Azerbaycan - Türkiye Doğal Gaz Boru Hattı Projesi (Şahdeniz)

12 Mart 2001 tarihinde Enerji ve Tabii Kaynaklar Bakanı ile Azerbaycan Başbakan Yardımcısı tarafından Azerbaycan doğal gazının

Gürcistan üzerinden Türkiye'ye taşınmasına ilişkin anlaşma imzalanmıştır. 15 yıl süreliğine imzalanan anlaşmaya göre 2 milyar metreküp ile başlayacak olan doğal gaz alımı, yıllar itibariyle 6,6 milyar metreküpe çıkarılacaktır (BOTAŞ, 2006, s.70). Azeri doğal gazının teslim noktası Türkiye - Gürcistan sınırı olup, hattın Türkiye topraklarında kalan kısmından Türkiye, Gürcistan sınırına kadar olan kısmından Azerbaycan sorumludur (BOTAŞ, Azerbaycan ...., 2007). Azerbaycan'daki 490 km'lik mevcut boru hattının rehabilitasyonu, Gürcistan'da 280 km'lik yeni bir boru hattının inşası için Azerbaycan'ın 1.3 Milyar Dolarlık bir yatırım yapması gerekmektedir.

Şekil.5.7. Şahdeniz Boru Hattı Projesi

BOTAŞ, 2006, s.80

Hattın 2007 yılında faaliyete geçmesi planlanmaktadır. Türkiye'nin, yaptığı diğer doğal gaz anlaşmalarından farklı olarak üçüncü ülkelere satış yapma hakkı bulunmaktadır. Bu hat ile taşınacak doğal gazın da Nabucco projesi kapsamında Avrupa'ya ihraç edilmesi planlanmaktadır. Proje AB ve ABD tarafından desteklenirken yine Rusya'nın tepkisini çekmektedir (Gürer, 2007, s.6). Nitekim Rusya tepkisini Samsun - Ceyhan hattına destek vermek yerine, Yunanistan ve Bulgaristan ile Burgaz - Dedeağaç hattında anlaşarak göstermiştir. Bu hat ile Azerbaycan'dan iletilecek gazın miktarı Avrupa'nın talebini karşılayacak nitelikte değildir. Bu sebeple Türkmenistan doğal gazının da bu projeye dâhil edilmesi için gerekli girişimlerin yapılması gerekmektedir.

5.8.10 Türkiye - Yunanistan Doğal gaz Boru Hattı Projesi

Türkiye ve Yunanistan ait doğal gaz şebekelerinin birleştirilerek Güney Avrupa Gaz Ringi'nin gerçekleştirilmesi kapsamında başlatılan Türkiye-Yunanistan Doğal Gaz Boru Hattı projesinin çalışmaları 25 Mart 2002 tarihinde tamamlanmıştır. Buna göre Hazar bölgesi, Rusya, Ortadoğu, Güney Akdeniz ülkeleri ve diğer uluslararası kaynaklardan sağlanacak doğal gazın Türkiye ve Yunanistan üzerinden Avrupa'ya taşınması planlanmıştır (BOTAŞ, 2006, s.70).

Şekil.5.8 Türkiye – Yunanistan Doğal gaz Boru Hattı Projesi

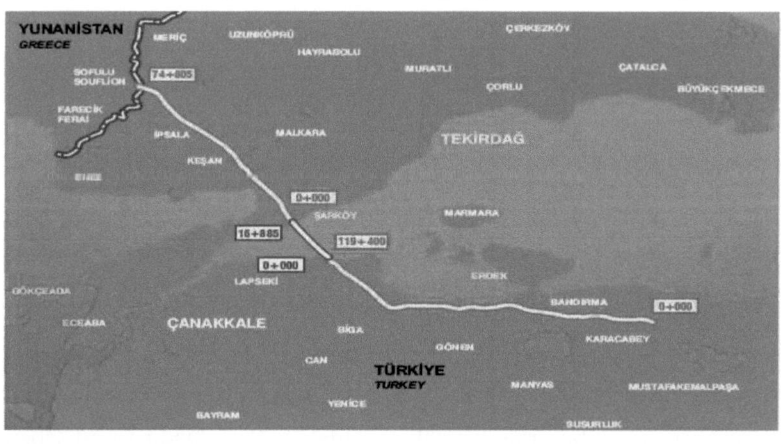

BOTAŞ, 2006, s.72

Proje ilgili olarak Enerji ve Tabii Kaynaklar Bakanı ve Yunanistan Kalkınma Bakanı tarafından 23 Şubat 2003 tarihinde hükümetler arası anlaşma imzalanmış olup, bu proje AB programının öncelikli projeleri arasında yer almıştır. Bu sebeple projenin fizibilite ve mühendislik çalışmalarının hızla tamamlanarak, 23 Aralık 2003 tarihinde Ankara'da düzenlenen bir törenle doğal gaz alım-satım anlaşması imzalanmıştır. Buna göre 750 milyon metreküp ile başlayacak satım miktarının 2012 yılında 11 milyar metreküpe ulaşması beklenmektedir (BOTAŞ, Türkiye Yunanistan..., 2007). Bu miktarın 3 milyar metreküpünün Yunanistan'a, 8 milyar metreküpünün İtalya'ya taşınması öngörülmüştür. Marmara Denizi'nden 17 km'lik bir geçişi olan hattın uzunluğu 209 km'si Türkiye sınırlarında olmak üzere, toplam 300 km'dir (BOTAŞ, 2006, s.71).

Boru hattının Yunanistan'dan sonra İtalya'ya uzatılması ile ilgili çalışmalar da başlatılmış bulunmaktadır. Konu ile ilgili olarak İtalyan-Edison Gas ve DEPA bir anlaşma imzalamışlardır. Projeye finansal destek sağlanması amacı ile AB TEN programı fonuna yapılan başvuru kabul edilmiştir. Projenin ön fizibilite çalışmaları tamamlanmış olup, fizibilite çalışmasının ihalesine Edison Gas ve DEPA tarafından çıkılmıştır. Türkiye-Yunanistan Doğal Gaz Boru Hattı projesi kapsamında imzalanan doğal gaz alım-satım anlaşması projenin İtalya bağlantısı için önemli bir aşamadır. Böylelikle Türkiye-Yunanistan Doğal Gaz Boru Hattı projesi, Türkiye-Yunanistan-İtalya Doğal Gaz Boru Hattı projesine dönüşebilecektir (Botaş, 2006, s.72). Avrupa'nın çok önem verdiği projenin doğal gaz taşıyabilmesi için, Türkiye'nin Şahdeniz ile birlikte Trans Hazar projesini de gerçekleştirmesi gerekmektedir. Rusya'nın tekelinden kurtulmak isteyen Güney Avrupa için bu proje kaynak çeşitliliği sağlamaktadır ve bu sebeple Rusya tarafından karşı çıkılmaktadır (Çelikpala, 2007, s.8).

Burgaz - Dedeağaç petrol boru hattı projesi için Rusya ile anlaşan Yunanistan'a karşı bu proje bir koz olarak kullanılabilecektir.

5.8.11 Mısır - Türkiye Doğal gaz Boru Hattı Projesi

Doğal gaz arz kaynaklarının çeşitlendirilmesi ve doğal gaz arz açığının bir kısmının Mısır'dan sağlanacak gaz ile karşılanması amacıyla geliştirilen bu proje ile ilgili çalışmalar sürdürülmektedir. 2 Şubat 2000 tarihinde Ankara'da iki ülkenin ilgili bakanları arasında imzalanan petrol ve gaz işbirliğine ilişkin bir protokolde, taraflar Mısır'dan Türkiye'ye Akdeniz geçişli bir hatla, yılda 4 Milyar metreküp doğal gaz ihracı konusunda niyet beyanında bulunmuş, 31 Mart 2001'de ise doğal gaz alım-satım anlaşması imzalanmıştır (BOTAŞ, 2006, s.73). 17 Mart 2004 tarihinde, Enerji ve Tabii Kaynaklar Bakanı ve Mısır Petrol Bakanı arasında; Türkiye'ye gaz ithalatı ve Türkiye üzerinden Avrupa'ya gaz iletimi hususlarında çerçeve anlaşma imzalanmıştır. İmzalanan bu anlaşmalara göre Mısır Türkiye'ye 2,4 milyar metreküp, Türkiye üzerinden Avrupa'ya ise 2,6 milyar metreküp doğal gaz satmayı öngörmüştür (BOTAŞ, Mısır..., 2007).

Şekil 5.9 Türkiye – Mısır Doğal Gaz Boru Hattı Projesi (Arap Gazı Projesi)

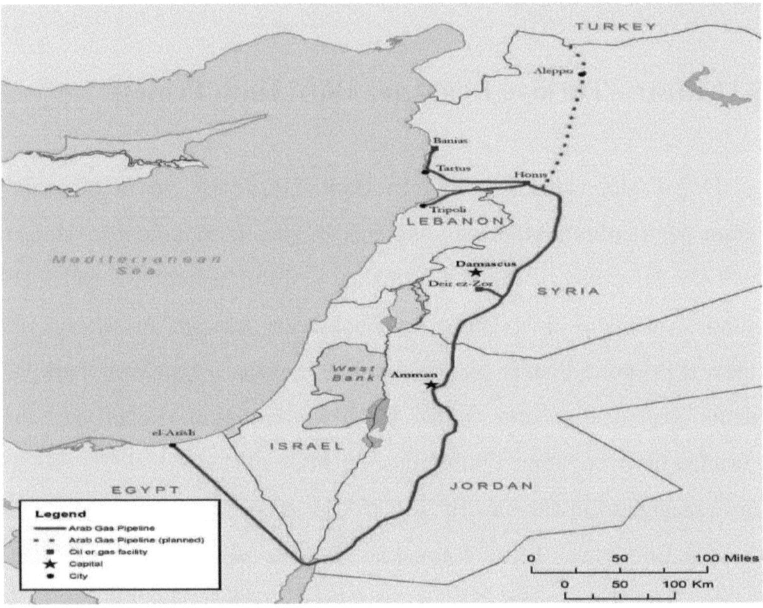

Mısır ve Suriye gazını, Ürdün, Suriye ve Türkiye üzerinden Avrupa piyasalarına ulaştırmayı öngören hattın Türkiye sınırına kadar olan kısmı 1.200 km'dir. 2007 yılında hattın inşasının tamamlanması beklenmekte olup, ilk gaz tesliminin 2008 yılından itibaren başlanması planlanmaktadır (BOTAŞ, 2006, s.75).

5.8.12 Irak - Türkiye Doğal Gaz Boru Hattı Projesi

Bu proje ile Irak'ta bulunan doğal gaz sahalarının geliştirilmesiyle üretilecek yılda 10 milyar metreküp gazın, yapılacak bir doğal gaz boru hattı ile Türkiye'ye taşınması amaçlanmıştır. 26 Aralık 1996 tarihinde, Ankara'da, iki ülkenin ilgili Bakanları tarafından yılda 10 milyar metreküp gazın inşa edilecek bir boru hattı ile Irak'tan Türkiye'ye ihracı konusunda anlaşması imzalanmıştır. Bu girişimde TPAO, BOTAŞ ve TEKFEN şirketleri ile ortak olarak yer almaktadır (Pamir, Irak..., 2006, s.65). Proje Irak işgal edilmeden önce gündeme gelmiştir. Ayrıca 2 Mayıs 2001 tarihinde Türkiye'de çıkarılan Doğal Gaz Piyasası kanunu kapsamına alınmamıştır ve BM tarafından Irak'a uygulanan ambargo devam etmektedir. Bu sebeple proje tehlikeye girmiştir (BOTAŞ, Irak..., 2007).

Ancak Türkiye liderliğinde geliştirilen Türkiye - Yunanistan - İtalya Doğal Gaz Boru Hattı projesi ve Nabucco projesi için Irak muhtemel bir arz kaynağı olarak değerlendirilmektedir. Bu kapsamda Türk tarafını oluşturan üç ortak şirket, proje ile ilgilenen uluslararası şirketlerle görüşmeler yapmaya başlamıştır. Bu sebeple BOTAŞ, TPAO, TEKFEN ve SHELL arasında 7 Haziran 2005 tarihinde, Irak doğal gazını önce Türkiye'ye sonra da yurt dışı piyasaya pazarlanması konusunda mutabakat zaptı imzalanmıştır (BOTAŞ, 2006, s.76).

Ancak BM'nin ambargosu ve Irak'taki siyasi belirsizlik projede istenilen ilerlemenin sağlanmasını engellemiştir. Batı'nın doğal gaza olan ihtiyacı ve uluslararası şirketlerin gösterdiği ilgi göz önüne alındığında, Irak'ta gerekli siyasi şartlar ve barış ortamı sağlandığında proje kolaylıkla hayata geçirilebilecek, Avrupa'ya doğal gaz taşıma projelerine entegre edilebilecektir. Kerkük - Yumurtalık hattının da tam kapasiteyle çalışmaya başlamasıyla Irak Türkiye'ye ekonomik açıdan çok önemli olanaklar sunan bir konuma gelecektir.

5.8.13 Türkiye - Avusturya Doğal Gaz Boru Hattı Projesi (NABUCCO)

Ukrayna ile Rusya arasında doğal gaz konusunda yaşanan sıkıntılar nedeniyle, Ukrayna üzerinden Avrupa'ya taşınan doğal gaz akışında kesintiler yaşanmaktadır. Rusya, Avrupa'ya bunun sorumlusunun Ukrayna olduğunu göstermeye çalışmaktadır. (Yapıcı, 2006, s.6) Ekim 2004'te seçimler sonrasında Ukrayna'da gerçekleşen Turuncu Devrim sayesinde Ukrayna Batı yanlısı bir tutum izlemeye başlamıştır. Bundan rahatsız olan Rusya, 2006'nın Ocak ayında Ukrayna'ya ihraç ettiği doğal gazın fiyatını artırmak istemiş, çıkan anlaşmazlık sonucunda vanaları kapatmıştır. Ukrayna'ya uygulanan vana kapatma politikası, doğal gazda Rusya'ya bağımlı Avrupa'da sıkıntı yaratmış, Batı'yı Rusya'ya bağımlılığı azaltacak alternatif enerji kaynaklarına ve hatlarına yöneltmiştir (Kara, 2006, s.5).

Çeşitli uluslararası kuruluşlarca yapılan araştırmalara göre, Türkiye üzerinden Avrupa'ya artan miktarlarda Hazar ve Ortadoğu gazı taşınacak, bu miktar 2010'lu yıllardan başlamak üzere özellikle 2020'lerde oldukça büyük miktarlara ulaşılacaktır. Bu sebeple Avrupa'ya gaz taşıma stratejisi kapsamında Yunanistan'a açılımımız ile birlikte başka alternatif güzergâhlar üzerinde durulmaktadır. Bu kapsamda geliştirilen yeni bir proje ile Bulgaristan'dan başlayıp Romanya ve Macaristan güzergâhını izleyerek Avusturya'ya ulaşılması planlanmaktadır (Botaş, Türkiye Bulgaristan..., 2007). Ortadoğu ve Hazar bölgesi doğal gaz kaynaklarını Avrupa pazarlarına bağlamayı öngören proje ile ilk etapta güzergâh üzerindeki ülkelerin doğal gaz ihtiyacının karşılanması, takip eden yıllarda Avusturya üzerinden Batı Avrupa'ya ulaşılması planlanmaktadır. 2020 yılı itibariyle 25 milyar metreküplük bir pazar payına ulaşılabileceği tahmin edilmektedir (BOTAŞ, 2006, 80).

Şekil.5.10 Nabucco Doğal Gaz Boru Hattı Projesi

BOTAŞ, 2006, s.80

Bu boru hattıyla Azerbaycan, Irak, İran, Mısır, Türkmenistan ile Kazakistan doğal gazının Türkiye üzerinden Avrupa'ya taşınması planlanmaktadır. Rusya'nın AB'ye sattığı doğal gaz miktarının 2010'da 200 milyar metreküpü aşabileceği göz önüne alınırsa, Nabucco'nun bir alternatif olmamakla birlikte önemli bir alternatif hat olacağı açıktır. Buna ek olarak Türk Cumhuriyetleri'nin doğal gazı vasıtasıyla AB ülkelerinin

Rusya'ya olan enerji bağımlılığının azaltılması çok önemli bir konu olsa da bu, Nabucco'nun birincil derecedeki önemi değildir. Nabucco'nun esas önemi İran gazından kaynaklanmaktadır. Avrupa Nabucco'nun tam olarak faaliyete geçeceği yıllarda İran ile yaşanan problemlerin bu zaman zarfında halledilebileceği ihtimali üzerinde durmaktadır. Dolayısıyla doğal gaz rezervi zenginliği açısından Rusya'dan sonra ikinci olan İran doğal gazının Avrupa'ya akması için altyapı hazırlanmış olacaktır.

İkinci öncelikli husus ise, Rusya ve İran'ın doğal gaz rezervlerinin yanında küçük kalan Türk Cumhuriyetleri'nin doğal gazının Batı yönünde akmaya başlaması, Rusya'ya olan boru hattı bağımlılığının ortadan kaldırılması için bir fırsat sunmasındadır. Dolayısıyla BTC ve Şahdeniz'de olduğu gibi, Nabucco, ekonomik öneme sahip olmasından çok jeopolitik önemi öne çıkan bir boru hattıdır. Türkiye'nin Azeri, Türkmen ve Kazak doğal gazını Avrupa'ya ulaştırmasını öngören projeye Rusya karşı çıkmaktadır. Bu proje ile Türkiye'nin Avrupa'ya, yaklaşık 120 Dolar'a aldığı gazı 160 Dolar'a satması planlanmaktadır. Ancak Rusya, Avrupa'ya 270-300 Dolar arasında fiyatlarla satış yapmaktadır. ABD ise projenin İran dışındaki kısmını desteklemektedir (Hergüner, 2007, s.14). AB'nin doğal gaz ihtiyacının yaklaşık olarak %3'ünü karşılayacak olan Nabucco, bu yönüyle Türkiye'yi Bakü-Tiflis-Ceyhan'dan sonra ikinci kez uluslararası 'enerji koridoru' haline getiren ve ülkenin stratejik konumunu pekiştiren bir projedir.

5.8.14. Rusya Federasyonu Doğal Gaz İletim Hattı

Rusya Federasyonu - Türkiye Doğal Gaz Boru Hattı (Batı Hattı), ülkemize Bulgaristan sınırındaki Malkoçlar'dan girmekte ve Hamitabat,

Ambarlı, İstanbul, İzmit, Bursa, Eskişehir güzergâhını takip ederek Ankara'ya ulaşmaktadır (BOTAŞ, 2006, s.32). Özellikle kış aylarında Türkiye'nin en fazla sorun yaşadığı hatlar arasında yer alan Batı Hattı, Ukrayna üzerinden geçmektedir. Ancak Kiev'in parası karşılığında gaz kullanma hakkına sahip olması, gelen doğal gaz miktarının zaman zaman düşmesine neden olmaktadır (Hergüner, 2007, s.14).

Ayrıca Türkiye Mavi Akım ile de Rusya'dan doğal gaz almaktadır. Türkiye'nin doğal gazı en pahalıya aldığı hat olan Mavi Akım'da herhangi bir aktarım sorunu yaşanmamakta ancak Rusya'nın fiyatı sürekli yükseltmeye çalışması sıkıntı yaratmaktadır. Türkiye'nin bu hattan aldığı gazı satma yetkisi bulunmamaktadır. Daha önce işlendiği gibi Mavi Akım ve Batı Hattı Türkiye'yi doğal gaz konusunda Rusya'ya bağımlı kılmıştır. Ayrıca aldığı gazı üçüncü ülkelere satamaması enerji terminali olma yönünde handikap yaratmakta ve taahhüt ettiği gazın hepsini tüketememesi de ülkemizi zarara uğratmaktadır. AKP hükümeti döneminde Rusya ile yapılan üç anlaşma ve üç farklı fiyat teke indirilmiştir ancak "al ya da öde" ve alınan gazın üçüncü ülkelere satılamaması gibi hususlar hâlihazırda devam etmektedir.

5.8.15. İran Doğal Gaz İletim Hattı

Türkiye 2001 yılından bu yana yapılan anlaşma kapsamında İran'dan doğal gaz almaktadır. ABD ise Türkiye'nin İran ile ticaretine son vermesi yönünde baskı yapmaktadır. Ancak İran ticareti genişletmek istemektedir. Ağustos 2006'da Türkiye'ye yaptığı ziyaret sırasında İran gazının Türkiye üzerinden Avrupa'ya aktarımı konusunda temaslarda bulunan İran Petrol Bakanı Kazım Hamaney, Türkiye'den transit geçiş hakkı talep etmiştir.

İran bahse konu doğal gazı Avrupa'ya taşıyacak hattın yapımını üstleneceğini ve bu satıştan elde edeceği gelirin bir kısmını Türkiye'ye verebileceğini beyan etmiştir. Rusya'dan sonra ikinci büyük doğal gaz rezervine sahip olan İran, bu avantajını dış siyasi ilişkilerini geliştirme yönünde kullanmaya çalışmaktadır (Veliev, Avrupa'ya..., 2006, s.10).

6.SONUÇ

Günümüzde ülkelerin gelişmişlik düzeyi kişi başına harcadıkları enerji miktarı ile ölçülmektedir. Her geçen gün bu miktarın artacağı düşünüldüğünde, ülkelerin söz konusu ihtiyaçlarını enerji kaynaklarından nasıl karşılayacağı hususu, en önemli sorunlardan biri olarak ortaya çıkmakta ve ülkelerin enerji politikalarını yönlendirmektedir. Bu kapsamda dünyada büyük bir güç/ enerji mücadelesi yaşanmaktadır. Ülkelerin enerji politikası; üretilen enerjinin dönüşümü, depolanması, dağıtımı, kullanılması ile ulusal ve uluslararası kaynaklarla toplam enerji taleplerinin güvenilir, ekonomik ve sürekli bir biçimde karşılanması için gerekli tedbirlerin alınmasından oluşturmaktadır. Bu sebeple petrol ve doğal gaz, çıkarıldığı bölge ve ülkeleri, taşıma vasıtalarını ve taşıma güzergâhlarını da doğru orantılı olarak etkilemiş, önem kazandırmıştır. Dolayısıyla, ülkeler arası mücadelede bu sayılan unsurlar da enerji kaynakları gibi çatışma konusu olmuştur. Bazı ülkeler enerji kaynaklarını, bazıları taşıma yollarını, bazıları da taşıma vasıtalarını kontrol ederek üstünlük sağlama gayreti içerisine girmişlerdir. Ülkeler arası mücadelelerin büyük kısmında enerji kaynaklarının izlerini görmek mümkündür. Başka nedenlerin ardına gizlenmeye çalışılsa da, nihai hedef ülke menfaatlerini sağlayacak vasıtaları ele geçirmektir. Osmanlı Devleti'nin son dönemi ve Türkiye Cumhuriyeti'nin kuruluş yıllarında, petrol yataklarının paylaşımı gerekçesiyle oynanan oyunlar ve uğranılan zararların sadece savaşta karşı karşıya gelinen ülkelerden değil, aynı zamanda müttefik kabul edilen ülkelerden de kaynaklandığı, ülke menfaatleri için hukuk ve hakkaniyet kurallarının hiçe sayıldığı her zaman göz önünde tutulmalıdır. Son yıllarda yaşanan gelişmeler de bu endişenin geçerliliğini doğrulamaktadır (Sarıkaya, 2003, s.60).

Orta Asya ve Hazar bölgesinde eski tarihlerden beri bilinen ve işletilen petrol ve doğal gaz kaynakları, bölgenin siyasi yapısındaki değişim ve dünyanın artan enerji ihtiyacı nedeniyle diğer ülkelerin ilgi odağı haline gelmiştir. Dolayısıyla, petrol için yeni bir mücadele sahası daha ortaya çıkmıştır. Bölgedeki rezervler oldukça fazladır, ancak bunların dünya piyasalarına taşınma güçlükleri mevcuttur. Bu sorunu çözmek için pek çok taşıma projesi gündeme gelmiş, elbette bu kaynakların nasıl ve hangi güzergâhtan taşınacağı bazı ülkelere avantaj sağlayacağından bu konular da uluslararası rekabete yol açmıştır (Gül, 2005, s.5-1). Türkiye de bu mücadelede yer almış ve geliştirdiği projelerle rekabet ortamında yerini almıştır ve stratejik konumu nedeniyle almaya devam edecektir. Ancak kazanılan konumun kaybedilmemesi için gösterilen gayretlerin çeşitlendirilerek sürdürülmesi gerekmektedir.

Coğrafi konumu nedeniyle Asya ve Avrupa kıtaları arasında bir köprü olma özelliği taşıyan Türkiye, SSCB'nin dağılmasından sonra Kafkasya'da ortaya çıkan yeni yapılanma nedeniyle bu statüsünü pekiştirmiştir. SSCB'den ayrılarak bağımsızlığını ilan eden yeni cumhuriyetlerin Batı ülkeleri ile irtibatını sağlayabilmeleri büyük ölçüde Türkiye üzerinden yapacakları ticari faaliyetlerle mümkün olacaktır. Sahip oldukları zengin petrol kaynakları nedeniyle ABD ve Batılı büyük devletlerin büyük önem verdikleri bu ülkeler, Türkiye için de tarihi fırsatlar sunmaktadır. Bunlardan en önemlisi, Hazar bölgesindeki petrol ve doğal gaz mevcudiyetidir. Bu tip kaynakları yetersiz olan ve enerji ihtiyacı sürekli artan bir ülke olarak Türkiye'nin, gerek bu kaynakların ülke içinde kullanımı gerekse dünya pazarlarına taşınmasında rol alması ile kazanacağı ekonomik ve politik kazanımlar milli menfaatlerimiz açısından son derece önemlidir. Türkiye bu aşamada sahip olduğu jeostratejik avantajı iyi kullanarak, enerji taşımacılığı ve iletiminin koordine edildiği bir merkez ve bir enerji pazarı olma şansını iyi kullanmak zorundadır.

Enerji ihtiyacı her ülkede olduğu gibi ülkemizde de nüfus artışı ve sanayileşmeye bağlı olarak artan bir seyir izlemektedir. Doğal olarak enerji tüketimi ile üretimi arasındaki açık büyümektedir. Bu durumda, sahip olduğumuz kaynaklardan daha etkin bir biçimde yararlanma gereği ortaya çıkmakta ve giderek daha çok önem kazanmaktadır. Kafkaslar, Balkanlar ve Ortadoğu istikrarsızlık bölgesinin ortasında bulunan Türkiye'nin olası bir kriz, gerginlik ve harekât durumunda özellikle komşularından ithal ettiği petrolün kesintiye uğraması sonucu oluşacak enerji sıkıntısı milli ekonomiyi derinden etkileyecektir. Enerji talebindeki artışın karşılanmasında AB'nin enerji hedeflerinde yer alan yenilenebilir enerji kaynaklarının toplam enerji tüketimi içindeki payını artırma gayretleri, Türkiye'nin enerji politikalarını belirlerken dikkate alması gereken hususlardan biridir.

Bir yandan yenilenebilir enerji kaynaklarının payı arttırılırken, bir yandan da petrol ve doğal gazın stratejik hammadde olduğu düşünülerek, yurt içi arama faaliyetlerinin artan biçimde devam ettirilmesi gereklidir. Yurt dışındaki petrol ve doğal gaz arama ve üretim çalışmaları bir devlet politikası olarak ele alınmalı ve ilgili kuruluşlar arasında gerekli koordinasyonlar sağlanarak çalışmalar planlı şekilde yürütülmeli, bu alanda faaliyet gösteren kamu kuruluşları desteklenmeli, özel sektör kuruluşları teşvik edilirken kamu yararı gözetilmelidir. Öte yandan, yurt dışında en büyük arama ve üretim yatırımlarını sürdüren ve planlayan kuruluş olan TPAO, aynı gayreti yurt içinde de göstermelidir.

Türkiye, Hazar kaynaklarının Avrupa'ya ulaşım koridoru üzerinde büyük bir avantaja sahiptir. Ancak uzun yıllar bu avantajını kullanamamış, kendisini %65 oranında Rusya'dan aldığı gaza bağımlı kılmış hatta kullanamadığı gaz için de para ödediği gibi yapılan anlaşmalar neticesinde, kullanamadığı gazı üçüncü ülkelere satması (re-export) engellenmiştir (Pamir, Avrupa Birliği..., 2005, s.81).

Petrolün çıkarılmasında ve tüketim pazarlarına ulaştırılmasında ekonomik ve siyasi menfaatler Rusya ile Türkiye'yi karşı karşıya getirmektedir. Rusya, "arka bahçesi" olarak ilan ettiği bölge üzerindeki etkisinden ve petrol ile doğal gazın vanasını kontrol etme emellerinden vazgeçmemektedir. Bu nedenlerle Hazar petrollerinin üretimi ve taşınmasında Rusya'yı dışarıda bırakan bir çözümün pratikte çok güç olacağı, ancak gerekli siyasi irade sağlandığında mümkün olabileceği değerlendirilmektedir.

Benzer şekilde petrolün en önemli alıcısının Batı dünyası olacağı ve başka enerji kaynakları bulunmadığı sürece başta ABD ve İngiltere'nin bu petrol yataklarını denetim altında tutmak isteyecekleri unutulmamalıdır. Ayrıca, Körfez bölgesindeki istikrarsızlık nedeniyle ve fiyat dengelerinin korunması açısından Hazar petrollerinin kontrolü ve denetim altında bulundurulması Batı için vazgeçilmez bir politikadır. Bu nedenle özellikle ABD olmak üzere Batılı ülkelerin bölgedeki menfaatlerini gerçekleştirmek ve korumak için her türlü vasıta ve yöntemi kullanmalarının kaçınılmaz olduğunu bilmek ve buna uygun politikalar geliştirmek bir zorunluluk olarak ortaya çıkmaktadır. Bu kapsamda, şu anda istenmeyen ülke durumundaki İran'a uygulanan yaptırım ve kısıtlamaların bazı ülke ve şirketlerin çıkarları doğrultusunda esnetilmeye çalışılması gayretlerinin dikkatle takip edilmesi gerekmektedir. Ayrıca, İran'dan alınan doğal gazın Rusya Federasyonu'ndan alınan gaza alternatif olduğu, pazarlık gücünü artırdığı dikkate alınmalı ve ihtiyaçlar doğrultusunda alımına devam edilmeli, İran ile yaşanan problemler çözüldüğü takdirde de İran doğal gazı Avrupa'ya ihraç edilmelidir.

Doğu - batı ekseninde enerji terminali olmak için en önemli unsurlardan biri doğudaki ülkeleri anlaşmalarla bağlamaktır. Böylece hem bu ülkelerin ekonomisi güçlenerek istikrar kazanmaları sağlanacak hem de Rusya bölgede dengelenmiş olacaktır. Çünkü Japonya ve Çin gibi her geçen gün enerjiye olan bağımlılığı artan ülkeler özellikle Sovyetler Birliği yıkıldıktan sonra gözlerini bu bölgeye çevirdiler. Japonya enerji talebini uzak ve maliyetli bir şekilde Ortadoğu'dan karşılamaktadır. Bölgedeki istikrarsızlık ortamı ve uluslararası krizler Japonya ve Çin ekonomilerinin büyüme rakamlarını, en yüksek olduğu dönemlerde bile, %1 yavaşlatmıştır. Bu sebeple Japonya ve Çin'in Avrasya ülkelerine yaklaşmaları ve enerji çeşitliliği arayışları normaldir. Ancak bu bizim üzerimizden Batı'ya aktarılacak enerji arzını azaltacaktır. ABD'nin isteği bu ülkelere akan enerji piyasasını ve yollarını kontrol etmek olduğuna göre, bu konudaki destekçimiz ABD'dir. Japonya özellikle petrole olan bağımlılığını azaltmak ve enerji çeşitliliğini arttırmak için doğal gaza yönelmek istemektedir. Doğal gaz konusunda kendisine en yakın ve doğal gaz zengini bir coğrafyaya sahip olan Rusya akla gelmektedir. Japonya'nın, Mavi Akım'da deniz altına döşenen borular için 626 milyon Dolarlık finansman sağlayarak Rusya'ya yakınlaşmak istemesindeki amacın bu olma ihtimali yüksektir.

Türkiye enerji arteri olma konusunda emin adımlarla ilerlemektedir. AB ile Türkiye arasındaki önemli projelerden biride Nabucco adıyla bilinen, Türkiye üzerinden Bulgaristan, Romanya, Macaristan ve Avusturya'ya Hazar gazını iletecek olan projedir (Pamir, Avrupa Birliği..., 2005, s.81). Bu proje aynı zamanda Türkiye'nin AB müzakere sürecinde elinde bir koz oluşturacaktır. Ayrıca Batı piyasalarının hızla artan enerji gereksinimini sağlayacak olan bir diğer proje de BTC'dır. Bu proje Avrupa'nın kaynak çeşitliliğini sağlarken, Azerbaycan için de tam bağımsızlık anlamını taşımaktadır. Türkiye'nin AB'ye başı dik ve diğer üyelere uygulanmadığı halde bize uygulanmaya çalışılan yaptırımlardan kurtulması konusunda taviz vermeden girebilmesini sağlayabilecek en önemli unsur, enerji alanındaki bu konumudur. Ancak 11 Eylül sonrasında bölgeye giren ABD'nin enerji hatlarını devamlı çeşitlendirmek istemesi tek seçenek olmamızı engelleyebilecektir.

Bülent Arınç'ın belirttiği politika ülkenin milli politikası olmalı ve buna göre stratejiler geliştirilmelidir. Bu politika kapsamında Türkiye birçok projenin hayata geçirilmesine, birçok projede de anlaşmaya varılmasına ön ayak olmuştur. Bundan sonra yapılacak olan projelerin kapsamını genişletmek olmalıdır. Bakü - Tiflis - Ceyhan'ın hayata geçmesiyle başlayan enerji koridoru rolü, Trans Hazar ve Nabucco gibi projelerin gerçekleştirilmesiyle sağlamlaştırılmalıdır. Azerbaycan üzerinden Orta Asya'ya geçiş tamamlandıktan sonra Türkmenistan üzerinden Asya'ya açılım başlatılmalıdır. Özellikle inşa edilen boru hatlarına Kazakistan'ın da petrol vermesi sağlanmalıdır. Böylece bölge ülkelerin ekonomisinin güçlenmesi sağlanacak, aynı zamanda Türkiye'nin de bölgede ve bölge dışında sözü geçen aktör olması sağlanacaktır.

Bölgeyle kurulacak olan ekonomik işbirliği, kültürel işbirliği ile geliştirilmelidir.

Bölgedeki Moskova - Tahran - Erivan - Pekin hattına karşı oluşan Ankara - Bakü - Tiflis - Vaşington hattı bölgenin ne kadar karışık bir yapıya sahip olduğunu bize göstermektedir. Bu karmaşık yapı içinde Türkiye stratejisini çok iyi belirlemelidir. Asya'ya açılmak isterken Rusya ile çatışmamalı, ancak Ermenistan'a da taviz vermemeli, ortak kültürü olan cumhuriyetleri kendi tarafına çekerek bulunduğu hattın yapısını güçlendirmelidir. Sadece AB'ye yüzümüzü dönüp, Doğu'ya sırtımızı vermek bize avantaj yerine dezavantaj sağlamıştır. Artık Doğuyla güçlenerek AB'ye yönelmeli ve bu kozumuzu kullanarak AB'ye edilgen bir ülke olarak girmek yerine etken bir ülke olarak girmemiz sağlanmalıdır.

Açıklanan petrol ve doğal gaz projelerinin gerçekleşmesi halinde, Avrupa'nın en önemli ve gelişen petrol ve gaz pazarlarından biri olan ve Orta Asya'dan Kafkaslar'a ve Ortadoğu'dan dünya piyasalarına enerji naklinde kavşak noktasında yer alan Türkiye'nin AB ile işbirliği ve ilişkilerinin güçlendirilmesi açılarından da büyük önem kazanacağı ortadadır. Enerji kaynaklarının Avrupa'ya aktarılması, bunların taşınmasındaki kontrol imkânı, çevre ülkelerle geliştirilecek işbirliği gibi faktörler, Türkiye'nin diğer ülkelerle olan ilişkilerini de geliştirmesine imkân verecektir.

Türkiye'nin, Orta Asya ve Hazar bölgesi petrolünün ihraç rotası üzerinde bulunması ve bu ihracatta söz sahibi olmak istemesi Rusya'nın çıkarlarına aykırı düşmektedir. Rusya, jeostratejik önemini yitirmemek maksadıyla ve ekonomik nedenlerle, Hazar bölgesinde elde edilecek petrolün boru hatları ile kendi limanı olan Novorossisk'e taşınmasını ve oradan dünya pazarlarına ihracını cazip hale getirmeye çalışmaktadır. Bu kapsamda Türk Boğazları'nın kullanımı konusunda Türkiye'ye baskı yapmaktadır. Türkiye özellikle petrolün Rusya ve Gürcistan limanlarına kadar boru hatları ile getirilerek tankerlerle Türk Boğazları'ndan taşınmasının sakıncalarını ortaya koyarak, Bakü - Ceyhan Boru Hattı projesini üretmiş ve verdiği mücadele sonucu anlaşmanın imzalanmasını sağlamıştır. Hattın inşasının kendi menfaatlerine aykırı olduğunu düşünen ülkelerin, özellikle de Rusya'nın, hattın güzergâhının emniyetsiz olduğu savı ve terör örgütlerine verilen destek ülke güvenliğine de olumsuz etkiler yapmıştır. Ancak hattın onaylanması ve yaygın olarak destek bulması ile durum tam tersine gelişme göstermiştir. Türk Boğazlarından geçiş yapan tanker sayısı ve taşınan tehlikeli yük miktarının artışı; bu havzada yerleşim, ticari hayatın devamı, çevrenin korunması gibi temel faaliyetlerde sayıları 10 milyonu geçen Türk vatandaşını tehlikeye sokabilecek ve büyük riskler yaratabilecektir. Türkiye bu tehlikeyi ön plana çıkartarak ve Samsun - Ceyhan hattının Burgaz - Dedeağaç projesine göre avantajlarını ortaya koyarak boru hattının inşası için uluslararası alanda destek kazanmalıdır.

Türkiye hâlihazırda mevcut tüm boru hattı projelerini gerçekleştirebilirse önümüzdeki yıllarda küresel güç olmasa da, dünya da sözü geçen büyük bir güç olabilecektir. Bu yolda en önemli desteği ABD'den sağlamalıyız. Bu sebeple Ceyhan'a gelen petrol ya da doğal gaz deniz altına döşenecek borularla İsrail'e ulaştırmalıdır. Çünkü İsrail bulunduğu coğrafya nedeniyle ihtiyacı olduğu enerjiyi kolaylıkla temin edememektedir. Türkiye, Lübnan ve Kıbrıs'ta asker bulundurmaktadır ve İsrail'e ulaştırılacak enerjinin güvenliğini sağlayarak, İsrail'in kolay bir şekilde enerji temin etmesini yardımcı olabilecektir. Böylece İsrail bölgede bahsi geçen projelerde Türkiye'ye destek verecek, İsrail'in desteklediği her şeyi dolaylı olarak ABD de destek verecektir.

Tesis edilecek boru hatları uluslararası menfaatleri temsil eden bir nitelik taşıyacağından, boru hattının geçtiği bölgeler doğal olarak uluslararası güvenlik teminatına kavuşmuş olacaktır. Türkiye'de hattın geçtiği bölgenin kısmen fiili, kısmen de potansiyel tehdit altında olduğu göz önüne alınacak olursa, bu tehdidin zaman içerisinde azalması ve belki de ortadan kalkması mümkün olabilecektir. Çünkü terörü örtülü olarak destekleyen bazı devletlerin ekonomik çıkarları, hattın emniyetli olarak işletilmesini gerektirecektir. Bu durum milli güvenliği artırarak silahlı kuvvetlerin gücünü olumlu yönde etkileyecektir.

Zaten Türkiye'nin askeri gücü bölgedeki geçiş güzergâhlarını korumaya yetecek düzeydedir. Enerjinin taşınmasında güvenlik unsurunun en önemli etkenlerden biri olduğu düşünülürse, Türkiye askeri gücüyle bölgedeki projelerde öncelikli tercih olabilecektir. BTC yapım aşamasında 5 jandarma karakolu, 22 jandarma timi ile özel olarak korunmuştur. İşletme aşamasında 10 jandarma karakolu, 22 jandarma timi ile Kerkük - Yumurtalık hattı 21 jandarma karakolu ile korunmaktadır. BTC'nin başlangıç bölgesinde özellikle terörist faaliyetlere karşı alınmış böyle bir önlem, simetrik bir şekilde İskenderun Körfezi bölgesinde ve Kıbrıs topraklarında alınmalıdır. Bu ayrıca Kıbrıs'taki kalıcılığımızın bir işareti de olabilir (Külebi, Enerji..., 2006, s.16). Hatta İsrail'e bir boru hattı ulaştırılırsa Kıbrıs'ın İsrail tarafından tanınması bile mümkün olabilecektir. 1967 ve 1973 Arap - İsrail savaşlarında ABD Kıbrıs'taki İngiliz üslerini kullanmak istemiş, ancak Başpiskopos Makarios buna izin vermemiştir.

Şekil.6.1 Enerji Terminali Türkiye

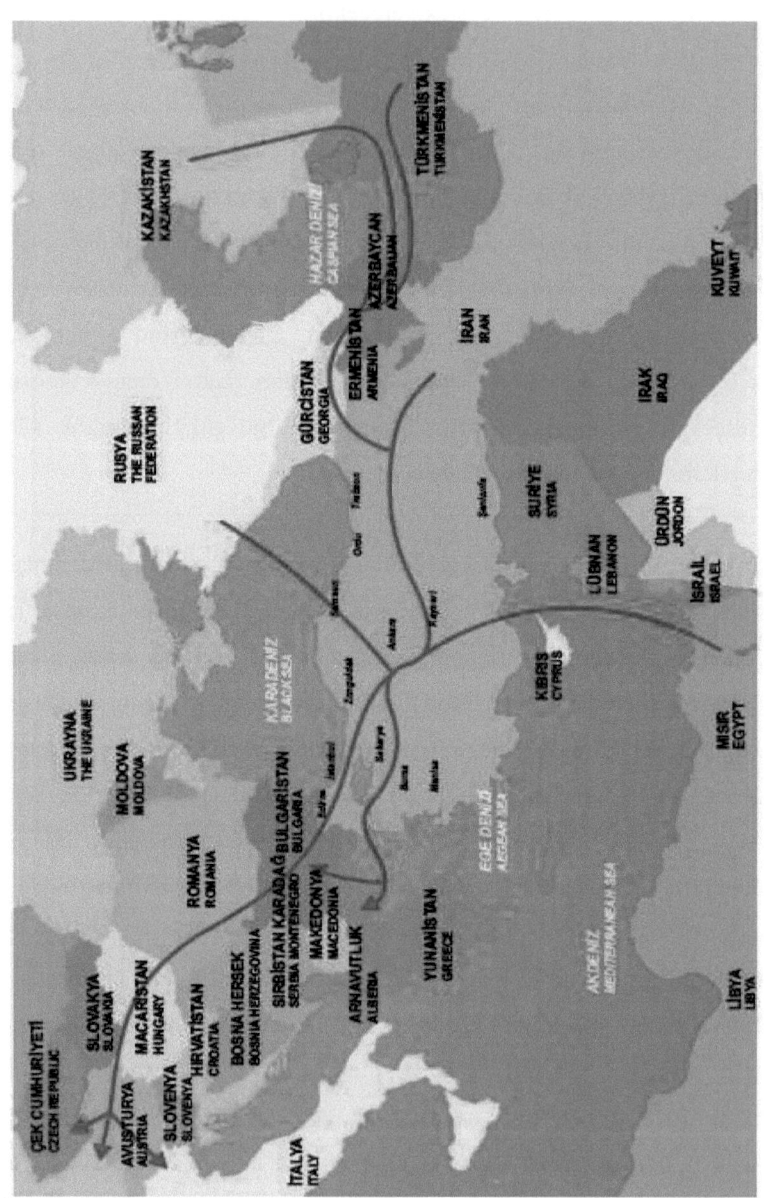

BOTAŞ, 2006, s.80

Böylece ABD Kıbrıs'ın önemini daha iyi anlamış, Türkiye'nin 1974 yılında yaptığı Kıbrıs Harekâtına kısa dönemli bir ambargo uygulamış, uyguladığı ambargoyu da yine kendisi kaldırmıştır (Fouskas, 2004, s.120).

Petrol boru hatlarının giderek yoğun bir şekilde ulaşacağı Doğu Akdeniz'de, Türk Deniz Kuvvetlerinin etkin bir alan hâkimiyeti vardır. Böyle bir gücün yanı sıra bu tür liman ve sahil korumasını daha etkin bir şekilde sağlayan Sahil Güvenlik Komutanlığı mevcuttur. Akdeniz'de NATO çerçevesinde yürütülen Aktif Çaba (Active Endeavor) ve Karadeniz'deki Karadeniz Deniz İşbirliği Görevi Grubu (BLACKSEAFOR) ile yürütülen uluslararası operasyonlarda Türk Deniz Kuvvetleri'nin rolü ve gücü bilinmekte ve bu da bir güvence sağlamaktadır. Bu bakımdan bu her iki denizde güvenliğin sağlanması genel anlamda kusursuz bir düzeye gelmiş ise de Karadeniz ve Doğu Akdeniz'de değişen koşullara uygun olarak daha etkin bir kontrol sistemi kurmamız, risk ve tehdit içeren unsurlara karşı önlem almamız, askeri, siyasi ve özellikle ekonomik açılardan ülkemiz için önemlidir (Külebi, Enerji..., 2006, s.16).

Gelecekte, dünyada petrol ve doğal gaz bölgelerinde meydana gelebilecek bir savaş veya anlaşmazlık sonrası oluşacak krizler daha derin ve fiyat artışları daha kalıcı olabilecektir. Bunun bilincinde olan alıcı ülkeler enerji güvenliği için ülkeler arası diyaloglar kurmaya ve birlikte çalışmalara başlamışlardır. Bununla birlikte, çıkar çatışmaları sonrası oluşacak muhtemel enerji kesilmeleri ve buna bağlı fiyat artışları küreselleşen dünyanın büyük sorunu şeklinde ortaya çıkmaktadır (Üşümezsoy ve Şen, 2003, s.118). Bunun farkında olan büyük güçler enerji akışının Türkiye üzerinden olmasını istemektedirler. Çünkü Türkiye askeri gücüyle bölgede en güçlü devlettir ve enerji güvenliğini kolaylıkla sağlayabilecek kapasitededir.

Tüm bu verilerin ışığında Türkiye'nin Ortadoğu ve Orta Asya'daki petrol ve doğal gaz kaynakları ile büyük ölçüde bu kaynaklardan yoksun bulunan Avrupa arasında enerji köprüsü olmasının sağlayacağı çok önemli stratejik ve ekonomik avantajlar mevcuttur. Türkiye'nin bu hedefi gerçekleştirmek üzere daha fazla çaba sarf etmesi ve daha önemli projeler geliştirmesinin zorunlu olduğu değerlendirilmektedir. Ancak unutulmamalıdır ki, bu coğrafyada her an her şey değişebilmekte, kurulan ittifaklar yerini yeni ittifaklara bırakabilme ihtimali taşımaktadır. Bu yüzden her türlü oluşuma karşı önceden hazırlıklı olmamız, tek bir plan üzerinden hareket etmektense her zaman bir B planını elimizde bulundurmamız gerekmektedir. Jeopolitik açıdan uzun süreler boyunca NATO'nun Sovyetler Birliği'ne karşı güney kanadı olan Türkiye bugün Doğu Avrupa'dan Batı Çin'e kadar uzanan bölgede lider konumuna yükselebilecek, sözü geçen bir ülke olabilecektir.

6.1. Öneriler

1. Hükümetler petrol ve doğal gaz işletme sistemini oluşturmalı ve kamu sektörünü güçlendirici yasaları çıkartmalıdır.

2. Tasarrufla ile ilgili yasalar çıkartılmalı ve verimli olmayan sektörler denetim altına alınmalıdır.

3. Yurtiçi enerji kaynaklarının keşif ve işletmesi desteklenmeli ve enerji vergileri yeniden ayarlanarak sektörlerin sürdürülebilir kapasitesi artırılmalıdır.

4. Yurtdışı petrol kaynaklarının işletilmesine devam edilmeli, kurulan ortaklıklar arttırılmalıdır.

5. Enerji kaynağı ve ithalatı çeşitlendirilmeli, alternatif enerji arayışlarına girilmelidir.

6. Petrolün yerini alabilecek yakıtlar üretilmelidir.

7. Stratejik petrol stoku ve enerjiye dair erken uyarı sistemi oluşturulmalıdır.

8. Rusya ile yapılan doğal gaz anlaşmasının maddeleri yeniden tartışmaya açılmalı, gerekirse uluslararası tahkime gidilmelidir.

9. Bağımsızlığını kazanan Türk Cumhuriyetleri'nin özellikle Rusya Federasyonu'na bağımlılıklarını azaltacak/dengeleyecek biçimde ekonomik işbirliği yapılmalıdır.

10. Petrolün yanında, son yıllarda tüketimi çok hızlı bir biçimde artan doğal gazda da ülkemiz neredeyse tamamıyla dışa bağımlı bir yapı içindedir. Üstelik doğal gazın büyük bölümünün tek kaynaktan (Rusya Federasyonu) tedarik edilmesi nedeniyle, ülkemizin enerji arz güvenliğinin siyasî ve ekonomik etkilere açık olduğu değerlendirilmektedir. Kaynak çeşitlendirilmesi, milli kaynakların araştırılmasına daha fazla zaman ve pay ayrılmalıdır.

11. Elektrik enerjisi üretiminde doğal gaz kullanım oranları ABD'de ve AB'de olan kullanımın çok üzerindedir. Elektrik enerjisi üretiminde tek bir kaynağa önemli derecede bağımlılığın her zaman bir risk oluşturacağı değerlendirilmektedir. Günümüzde doğal gaz kaynaklarına sahip olan ülkelerin elektrik enerjisi üretiminde bile doğal gazın payı % 15'leri geçmezken ülkemizin ithal edilen bir kaynağa bu kadar bağımlı hale getirilmesinin enerji yönünden birçok riskleri ve problemleri de beraberinde getirmesi kaçınılmaz olacaktır. Bu nedenle, elektrik enerjisi üretiminde ulusal kaynaklara ve yenilenebilir enerji kaynaklarına öncelik veren etkin bir plânlamanın mümkün olan en kısa süre içinde yapılması hayatî önemi içermektedir. Bu maksatla, diğer ülkelere oranla hidrolik potansiyelimizin fazla olduğu ülkemizde, elektrik enerjisi üretiminde hidroelektrik santrallere yönelmenin faydalı olacağı düşünülmektedir. Hidroelektrik kaynak potansiyelimizin tamamının faaliyete geçirilmesi durumunda toplam elektrik tüketimimizin % 98'i hidroelektrik santrallerden karşılanabilecektir.

12. Ülkemiz jeotermal enerji potansiyeli açısından dünyadaki zengin ülkeler arasında yer almaktadır. Türkiye'de 1000 civarında sıcak ve mineralli su kaynağı mevcuttur. Söz konusu jeotermal sahaların değerlendirilmesinin uygun olduğu mütalâa edilmektedir.

13. Yakıt sorunu ve mekanik yıpranma olmaması, işletme kolaylığı, modüler olması, çok kısa zamanda devreye alınabilmesi, uzun yıllar sorunsuz olarak çalışması, temiz bir enerji kaynağı olması vb. nedenlerle dünya genelinde güneş pili ile elde edilen elektrik enerjisi kullanımı sürekli artmaktadır. Türkiye'nin de güneş enerjisinden daha fazla faydalanabilmesi için gerekli çalışmaların yapılmasının uygun olacağı değerlendirilmektedir.

14. Biomas enerji kapsamında önemli bir potansiyelimizin olduğu değerlendirilmektedir. Bu potansiyelden faydalanılması gerektiği değerlendirilmektedir.

15. Ülkemiz sahip olduğu bor madenleri sayesinde önemli bir avantaja sahip olduğu görülmektedir. Bu çerçevede, Türkiye'nin teknolojiyi takip eden ve bunları yüksek bedellerle satın almak suretiyle dışa bağımlı konumundan kurtulmak için teknoloji üreten bir ülke konumuna geçmesi önem arz etmektedir. Bu bağlamda, bor ve enerji üzerine ileri teknoloji uygulamalarına yönelik bilimsel araştırmalara ağırlık verilmesinin ve bor gibi ulusal kaynaklarımızın hiçbir surette özelleştirilmemesinin uygun olacağı değerlendirilmektedir.

16. Doğal gazın mevsimsel, günlük ve saatlik taleplerini düzenlemek ve önümüzdeki yıllarda ortaya çıkacak olan doğal gaz arz açığına çözüm getirmek amacıyla Mersin'de, Tuz Gölü'nün altında ve Marmara Denizi'nde doğal gaz yeraltı depoları yapılması için geliştirilen yeraltı depolama projeleri çalışmaları devam etmektedir. Bu projelerin bir an önce hayata geçirilmesinin önemli olduğu değerlendirilmektedir. Böylece bazen kış aylarında Rusya'dan doğal gaz arzında sıkıntı olduğunda sanayinin talep ettiği doğal gaz sorun giderilene kadar kesintisiz arz edilebilecektir.

17. Mevcut durum itibarıyla, Türkiye'nin enerji ihtiyacının az bir kısmını kendi öz kaynakları ile karşılayabildiği ve bu nedenle enerji açısından dışa bağımlı bir ülke olduğu görülmektedir. Türkiye'nin, bulunduğu coğrafî bölgede var olan zengin enerji kaynakları dikkate alındığında kaynaklar ile Avrupa arasında önemli bir enerji koridoru olabileceği değerlendirilmektedir. Bu kapsamda stratejiler geliştirilmelidir.

18. Doğal gaz arz kaynaklarının çeşitlendirilmesi ve doğal gaz arz açığının bir kısmının Mısır'dan sağlanacak gaz ile karşılanması amacıyla Mısır - Türkiye doğal gaz boru hattı projesi geliştirilmiştir. Ayrıca, yakın zamanda GKRY ile Mısır arasında bir boru hattı inşası konusunda bir anlaşmaya varılması sonucu, Türkiye'nin Doğu Akdeniz'de hem petrol ve doğal gaz aramalarında hem de boru hatları ile taşımacılık alanlarında jeostratejik önemini azaltacak gelişmeler olmuştur. Söz konusu boru hattının sonuçlandırılması gerek ekonomik, gerekse Akdeniz'deki siyasi etkinliğimiz açısından son derece önemli olduğu değerlendirilmektedir.

19. GKRY yönetimi son zamanlarda Kıbrıs çevresinde uluslararası şirketlere petrol arama ruhsatı vermektedir. Uluslararası şirketlerin bu bölgede petrol araması, işletmesi ve satması GKRY yönetimini tüm Kıbrıs üzerinde söz sahibiymiş gibi gözükmesine yol açmaktadır. Bu sebeple özellikle KKTC deniz sahasında petrol arayan gemilere Türk Savaş Gemileri önleme manevraları yaparak bu amaca ulaşılmasını engellemelidir.

20. Bölge petrollerinin dünya piyasalarına ulaştırılması amacıyla inşa edilen Bakû - Tiflis - Ceyhan petrol boru hattı, Rusya Federasyonunun ekonomik ve siyasî nüfuz alanında yer alan Orta Asya Türk

Cumhuriyetleri'nin siyasi ve ekonomik istikrar kazanmalarını sağlayacak çok önemli ve tarihî bir fırsattır. Bu açıdan da Bakû - Tiflis -Ceyhan ham petrol ana ihraç boru hattı projesi, sadece ekonomik açıdan değil, siyasî bakımdan da Türkiye'nin gerçekleştirdiği en önemli projelerindendir. Bu kapsamda Gürcistan'ın istikrarına katkı sağlayacak gerek maddi gerek askeri her türlü yardımdan kaçınılmamalıdır.

21. BTC hattına Kazakistan petrol vereceğini taahhüt etmiştir. Ancak hâlihazırda bu hayata geçirilmemiştir. Tengiz petrollerinin bir an önce BTC hattından Ceyhan'a taşınması sağlanmalıdır.

22. Karadeniz petrolünü Akdeniz'e indirmek için hali hazırda boğazlar kullanılmaktadır. Artan petrol trafiği boğazlar için tehlike arz etmektedir. Her ne kadar Rusya Karadeniz petrolünü Burgaz - Dedeağaç üzerinden Ege'ye oradan da Akdeniz'e indirmeyi planlasa da bu ekonomik ve avantajlı gözükmemektedir. Oysa Samsun limanı Novorossisk limanına çok yakındır ve bir petrol boru hattıyla Akdeniz'e ulaşılmaktadır. Bu sebeple uluslararası petrol şirketlerine Samsun - Ceyhan hattının avantajları ispatlanmalı ve bir an önce inşasına başlanarak, devreye sokulmalıdır.

23. Azerbaycan'dan Şahdeniz Projesi kapsamında doğal gaz alınmaya başlanmıştır. Aynı hat üzerinden doğal gaz zengini Türkmenistan'dan da doğal gaz alımına başlanmalıdır.

24. Nabucco projesi hayata geçirilmeli, Batı Avrupa'nın ihtiyaç duyduğu doğal gaz Azerbaycan ve Türkmenistan'dan gelen doğal gaz ile karşılanmalıdır.

25. Türkiye - Yunanistan doğal gaz boru hattı İtalya'ya uzatılmalıdır. Mavi Akım boru hattını deniz altına döşeyen İtalyan ENİ şirketi bu konuda deneyimlidir. Bu sebeple ENİ şirketi ile İtalya'ya uzanacak boru hattının inşası yapılmalı, Güney Avrupa'nın ihtiyaç duyduğu doğal gaz yine Türkmenistan ve Azerbaycan'dan alınacak doğal gaz ile sağlanmalıdır.

26. İran ile hâlihazırda doğal gaz boru hattımız mevcuttur. ABD ile İran arasındaki problemler çözüldüğü takdirde, dünya doğal gaz rezervleri açısından dünyada ikinci sırada olan İran'ın doğal gazı yine Nabucco projesi ile Batı Avrupa'ya ya da Yunanistan üzerinden Güney Avrupa'ya ulaştırılabilecektir. Bu sebeple İran ile ilişkilerin iyi tutulmasının gelecek açısından faydalı olacağı değerlendirilmektedir.

27. Irak'ta mevcut siyasi istikrarsızlık yüzünden Kerkük - Yumurtalık boru hattı üzerinden petrol akışı tam kapasite olamamaktadır. Aynı sebepten dolayı Irak - Türkiye doğal gaz boru hattı projesi hayata geçirilememektedir. Yine aynı bölgede beslenen terör örgütü mensupları Türkiye'de her geçen gün artan terör eylemlerine karışmaktadırlar. Bu sebeple Kuzey Irak'a askeri müdahalede bulunulmalıdır. Böylece Misak-ı Milli sınırlarımız içinde yer alan Musul ve Kerkük petrollerinin bu bölgede yaşayan Türkmenlerin yönetimine geçmesi sağlanmalıdır. Askeri müdahalede bulunmamız engellenirse siyasi ve diplomatik yollardan burada bulunan Türkmenlerin varlığı kabul ettirilmeli ve garanti altına alınmalıdır.

28. Tüm bu boru hattı projeleri gerçekleştirildikten sonra Türkiye doğu - batı, kuzey - güney ekseninde enerji terminali olabilecektir. Karadeniz, Hazar, Orta Asya ve Irak'ın petrolleri Ceyhan'a ulaşacaktır. Ceyhan uluslararası bir terminal haline gelecektir. Ayrıca çevre ülkelerden toplanan doğal gaz arz açığı her geçen gün artan Avrupa'ya Türkiye üzerinden ulaştırılabilecektir. Bu sebeple enerji kaynaklarının ve enerji (doğal gaz, petrol hatları) boru hatlarının emniyetine önem verilmelidir. ABD'nin Irak'a müdahalesi sonucu Irak - Türkiye boru hattına yapılan sabotajlar ve terör örgütlerinin günümüzdeki imkân ve kabiliyetleri dikkate alındığında Türkiye, yeni boru hatları güvenlik konsepti oluşturarak bu yönde yapılanma yoluna gitmelidir.

29. Karadeniz'de enerji akışının güvenliğinin sağlanması kapsamında BLACKSEAFOR tatbikatlarının yapılmasına devam edilmelidir.

30. Ceyhan Limanı'nın güvenliğinin sağlanmasında Kıbrıs ön plana çıkmaktadır. Bu sebeple Kıbrıs'taki askeri varlığımız devam ettirilmelidir.

31. İsrail hâlihazırda enerjiyi çevre ülkelerden zor şartlar altında temin etmektedir. Hizbullah, Hamas, Filistin Kurtuluş Örgütü ve İran ile yaşadığı sorunlar neticesinde kara yoluyla temin ettiği enerji her zaman risk altındadır. Bu sebeple Ceyhan Limanı'ndan İsrail'e enerji akışının güvenli bir şekilde sağlanması gerekmektedir. Enerjiyi kolay ve güvenilir temin eden İsrail, Türkiye'nin Kıbrıs'taki varlığının devam etmesini isteyecektir.

32. Küreselleşmenin yoğun olarak yaşandığı günümüzde "ekonomik savaş" kavramı, sıcak bir çatışmadan çok şiddet içermeyen ve rakibin ekonomik potansiyelini azaltırken kendi ekonomik potansiyelini veya müttefik ülkenin ekonomik potansiyelini artırmaya yönelik mücadeleleri ifade etmektedir. Bu kapsamda uluslararası şirketlerin milli politikaya ve ekonomiye etkileri yoğun olarak hissedilmektedir. Bu tip organizasyonların hareketlerini yakından izlemek, dünya enerji piyasalarını iyi analiz etmek, eylemlerin ABD ve Batılı ülkelerin çıkarları ile örtüşen ve örtüşmeyen yönlerini her açıdan değerlendirerek ülkeyi kısa, orta ve uzun vadeli enerji arz-talep ve fiyat senaryolarına hazır hale getirecek önlemleri almak önem arz etmektedir.

33. Enerji üzerine milli politikalar oluşturulmalı ve bu politikaların her hükümet döneminde değişmesine izin verilmemeli, halkın oluşturulan milli politikaları benimsemesi sağlanmalıdır. Böylece TÜPRAŞ, Etibank A.Ş. gibi kurumların özelleştirilmesi söz konusu olduğunda halk gerekli kitlesel tepkiyi verebilecektir.

34. 1970'lerde Nükleer Enerjiyi devlet politikası haline getiren ve kararlı bir şekilde uygulayan Fransa, Japonya, G.Kore gibi ülkeler enerji sektöründe dünya devleri arasında yerlerini alırken, Türkiye bu konuda hızla dışa bağımlı hale gelmiş, enerji üretimi açısından dünya ortalamalarının bile altında kalmıştır. Ülkemiz sahip olduğu toryum ve bor madenleri sayesinde nükleer enerji konusunda önemli bir avantaja sahip olduğu görülmektedir. Toryum ve Bor 21'nci yüzyılın en önemli stratejik maddesi olmaya aday elementlerdir. Türkiye sahip olduğu rezervlerle dünyada ilk sıralarda yer almaktadır. Bu bağlamda, bor ve enerji üzerine ileri teknoloji uygulamalarına yönelik bilimsel araştırmalara ağırlık veren bir kuruluşun teşkil edilmesinin uygun olacağı, nükleer santrallerin kurularak elektrik enerjisinin doğal gaz yerine nükleer enerjiden karşılanmaya başlanmasının Türkiye'nin avantajına olduğu değerlendirilmektedir.

EK-1 BİRİMLERİN DÖNÜŞTÜRÜLMESİ

Birimlerin yaklaşık dönüşüm katsayıları					
	Birime				
	ton (metrik)	kilolitre	varil	ABD galonu	ton/ yıl
Birimden			**Katsayı**		
Ton (metrik)	1	1,165	7,33	307,86	–
Kilolitre	0,8581	1	6,2898	264,17	–
Varil	0,1364	0,159	1	42	–
ABD galonu	0,0032	0,0038	0,0238	1	–
Varil/gün	–	–	–	–	49,8

(BP, 2002)

EK-2 DÜNYA HAM PETROL REZERVLERİ

İspatlanmış Petrol Rezervleri	1985 sonu	1995 sonu	2004 sonu
	milyar varil	milyar varil	milyar varil
ABD	36,4	29,8	29,3
Kanada	9,6	10,5	16,5
Meksika	55,6	48,8	14,8
Kuzey Amerika Toplamı	**101,5**	**89,0**	**60,6**
Arjantin	2,2	2,4	2,3
Brezilya	2,2	6,2	11,2
Kolombiya	1,2	3,0	1,5
Ekvador	1,1	3,4	5,1
Peru	0,6	0,8	1,1
Trinidad & Tobago	0,6	0,7	0,8
Venezuella	54,5	66,3	79,7
Diğer Orta Amerika Ülkeleri	0,5	1,1	1,3
Orta Amerika Toplamı	**62,9**	**83,8**	**103,0**

EK-2 DÜNYA HAM PETROL REZERVLERİ

2005 sonu			
milyar ton	milyar varil	toplamdaki payı	Yeterlilik Süresi
3,6	29,3	2,4%	11,8
2,3	16,5	1,4%	14,8
1,9	13,7	1,1%	10,0
7,8	**59,5**	**5,0%**	**11,9**
0,3	2,3	0,2%	8,7
1,6	11,8	1,0%	18,8
0,2	1,5	0,1%	7,3
0,7	5,1	0,4%	25,6
0,1	1,1	0,1%	27,1
0,1	0,8	0,1%	13,0
11,5	79,7	6,6%	72,6
0,2	1,3	0,1%	24,8
14,8	**103,5**	**8,6%**	**40,7**

EK-2 DÜNYA HAM PETROL REZERVLERİ

İspatlanmış Petrol Rezervleri	**1985 sonu**	**1995 sonu**	**2004 sonu**
	milyar varil	milyar varil	milyar varil
Azerbaycan	n/a	n/a	7,0
Danimarka	0,4	0,9	1,3
İtalya	0,6	0,7	0,8
Kazakistan	n/a	n/a	39,6
Norveç	5,6	10,8	9,7
Romanya	1,4	1,0	0,5
Rusya Federasyonu	n/a	n/a	72,4
Turkmenistan	n/a	n/a	0,5
İngiltere	5,6	4,5	4,0
Özbekistan	n/a	n/a	0,6
Diğer Avrasya ve Avrupa Ülkeleri	65,0	63,6	2,2
Avrupa ve Avrasya Toplamı	**78,6**	**81,5**	**138,7**

EK-2 DÜNYA HAM PETROL REZERVLERİ

	2005 sonu		
milyar ton	milyar varil	toplamdaki payı	Yeterlilik Süresi
1,0	7,0	0,6%	42,4
0,2	1,3	0,1%	9,3
0,1	0,7	0,1%	17,0
5,4	39,6	3,3%	79,6
1,3	9,7	0,8%	8,9
0,1	0,5	□	11,3
10,2	74,4	6,2%	21,4
0,1	0,5	□	7,8
0,5	4,0	0,3%	6,1
0,1	0,6	□	12,9
0,3	2,2	0,2%	12,9
19,2	**140,5**	**11,7%**	**22,0**

EK-2 DÜNYA HAM PETROL REZERVLERİ

İspatlanmış Petrol Rezervleri	1985 sonu milyar varil	1995 sonu milyar varil	2004 sonu milyar varil
Umman	4,1	5,2	5,6
Katar	4,5	3,7	15,2
Suudi Arabistan	171,5	261,5	264,3
Suriye	1,5	2,6	3,2
Birleşik Arap Emirlikleri	33,0	98,1	97,8
Yemen	0,1	0,1	2,9
Diğer Orta Doğu Ülkeleri	0,2	0,1	0,1
Orta Doğu Toplamı	**431,3**	**661,5**	**738,2**
Cezayir	8,8	10,0	11,8
Angola	2,0	3,1	9,0
Çad	-	-	0,9
Kongo Cumhuriyeti	0,8	1,3	1,8
Mısır	3,8	3,8	3,6
Ekvator Ginesi	-	0,6	1,8
Gabon	0,7	1,5	2,2
Libya	21,3	29,5	39,1
Nijerya	16,6	20,8	35,9
Sudan	0,3	0,3	6,4
Tunus	1,8	0,4	0,7
Diğer Afrika Ülkeleri	1,0	0,7	0,6
Afrika Toplamı	**57,0**	**72,0**	**113,8**

EK-2 DÜNYA HAM PETROL REZERVLERİ

	2005 sonu		
milyar ton	milyar varil	toplamdaki payı	Yeterlilik Süresi
0,8	5,6	0,5%	19,6
2,0	15,2	1,3%	38,0
36,3	264,2	22,0%	65,6
0,4	3,0	0,2%	17,5
13,0	97,8	8,1%	97,4
0,4	2,9	0,2%	18,3
†	0,1	□	4,6
101,2	**742,7**	**61,9%**	**81,0**
1,5	12,2	1,0%	16,6
1,2	9,0	0,8%	19,9
0,1	0,9	0,1%	14,3
0,3	1,8	0,1%	19,3
0,5	3,7	0,3%	14,6
0,2	1,8	0,1%	13,6
0,3	2,2	0,2%	25,8
5,1	39,1	3,3%	63,0
4,8	35,9	3,0%	38,1
0,9	6,4	0,5%	46,3
0,1	0,7	0,1%	25,2
0,1	0,6	□	12,0
15,2	**114,3**	**9,5%**	**31,8**

EK-2 DÜNYA HAM PETROL REZERVLERİ

İspatlanmış Petrol Rezervleri	1985 sonu	1995 sonu	2004 sonu
	milyar varil	milyar varil	milyar varil
Avusturalya	2,9	4,0	4,0
Brunei	1,4	1,1	1,1
Çin	17,1	16,3	16,0
Hindistan	3,8	5,5	5,6
Endonezya	9,2	5,0	4,3
Malezya	3,5	5,2	4,3
Tayland	0,1	0,3	0,5
OPEC harici £	172,0	179,8	175,8
Eski Sovyet ülkeleri	62,7	62,1	120,9
* 100 yıldan fazla			
+ 0.05'den az			
□□0.05%'den az			
£ Eski Sovyet Ülkeleri Hariç			
n/a not available			

(BP, 2006, s.8)

EK-2 DÜNYA HAM PETROL REZERVLERİ

2005 sonu

milyar ton	milyar varil	toplamdaki payı	Yeterlilik Süresi
0,5	4,0	0,3%	20,0
0,2	1,1	0,1%	14,9
2,2	16,0	1,3%	12,1
0,8	5,9	0,5%	20,7
0,6	4,3	0,4%	10,4
0,5	4,2	0,3%	13,9
0,1	0,5	□	5,2
23,5	175,4	14,6%	13,6
16,8	122,9	10,2%	28,4

EK-3 DÜNYA HAM PETROL ÜRETİMİ

Petrol Üretimi					
Bin Varil Gün	**1997**	**1998**	**1999**	**2000**	**2001**
ABD	8269	8011	7731	7733	7669
Kanda	2588	2672	2604	2721	2677
Meksika	3410	3499	3343	3450	3560
Kuzey Amerika Toplamı	**14267**	**14182**	**13678**	**13904**	**13906**
Arjantin	877	890	847	819	830
Brezilya	868	1003	1133	1268	1337
Kolombiya	667	775	838	711	627
Ekvador	397	385	383	409	416
Peru	120	116	107	100	98
Trinidad & Tobago	135	134	141	138	135
Venezuella	3321	3480	3126	3239	3141
Diğer Orta Amerika Ülkeleri	108	125	124	130	137
Orta Amerika Toplamı	**6493**	**6908**	**6699**	**6813**	**6721**
Azerbaycan	185	230	278	281	300
Danimarka	230	238	299	363	348
İtalya	114	108	96	88	79
Kazakistan	536	537	631	744	836
Norveç	3280	3138	3139	3346	3418
Romanya	141	137	133	131	130
Rusya Federasyonu	6227	6169	6178	6536	7056
Türkmenistan	108	129	143	144	162

EK-3 DÜNYA HAM PETROL ÜRETİMİ

				2004-2005	2005
2002	**2003**	**2004**	**2005**	**değişim**	**payı**
7626	7400	7228	**6830**	-5,5%	8,0%
2858	3004	3085	**3047**	-1,3%	3,7%
3585	3789	3824	**3759**	-1,6%	4,8%
14069	**14193**	**14137**	**13636**	**-3,5%**	**16,5%**
818	806	754	**725**	-3,9%	0,9%
1499	1555	1542	**1718**	11,1%	2,2%
601	564	551	**549**	-0,4%	0,7%
401	427	535	**541**	1,1%	0,7%
98	92	94	**111**	11,5%	0,1%
155	164	152	**171**	13,6%	0,2%
2916	2607	2972	**3007**	1,1%	4,0%
152	153	144	**142**	-2,4%	0,2%
6640	**6367**	**6745**	**6964**	**3,0%**	**9,0%**
311	313	317	**452**	42,8%	0,6%
371	368	390	**377**	-3,3%	0,5%
106	107	105	**118**	12,2%	0,2%
1018	1111	1297	**1364**	4,3%	1,6%
3333	3264	3188	**2969**	-7,5%	3,5%
127	123	119	**114**	-4,5%	0,1%
7698	8544	9287	**9551**	2,7%	12,1%
182	202	193	**192**	-0,5%	0,2%

EK-3 DÜNYA HAM PETROL ÜRETİM

Petrol Üretimi					
Bin Varil Gün	**1997**	**1998**	**1999**	**2000z**	**2001**
İngiltere	2702	2807	2909	2667	2476
Özbekistan	182	191	191	177	171
Diğer Avrasya ve Avr. Ülk.	524	506	474	466	466
Avrupa ve Avrasya Toplamı	**14228**	**14190**	**14472**	**14942**	**15443**
Iran	3776	3855	3603	3818	3730
Irak	1166	2126	2541	2583	2376
Kuveyt	2137	2176	2000	2104	2070
Umman	909	905	911	959	961
Katar	719	747	797	855	854
Suudi Arabistan	9481	9544	8911	9511	9263
Suriye	577	576	579	548	581
Birleşik Arap Emirlikleri	2567	2643	2511	2626	2534
Yemen	375	380	405	450	455
Diğer Orta Doğu Ülkeleri	50	49	48	48	47
Orta Doğu Toplamı	**21758**	**23001**	**22306**	**23501**	**22871**
Cezayir	1421	1461	1515	1578	1562
Angola	741	731	745	746	742
Çad	-	-	-	-	-
Kongo Cumhuriyeti	225	264	293	275	271
Mısır	873	857	827	781	758
Ekvator Ginesi	62	85	96	117	173
Gabon	364	337	340	327	301

EK-3 DÜNYA HAM PETROL ÜRETİM

				2004-2005	2005
2002	**2003**	**2004**	**2005**	**değişim**	**payı**
2463	2257	2028	**1808**	-11,0%	2,2%
171	166	152	**126**	-16,9%	0,1%
501	509	496	**463**	-6,8%	0,6%
16281	**16965**	**17572**	**17534**	**-0,3%**	**21,7%**
3414	3999	4081	**4049**	-0,8%	5,1%
2035	1339	2010	**1820**	-9,5%	2,3%
1995	2329	2481	**2643**	6,5%	3,3%
900	823	785	**780**	-0,6%	1,0%
783	917	990	**1097**	9,0%	1,3%
8970	10222	10588	**11035**	4,3%	13,5%
545	562	529	**469**	-11,4%	0,6%
2324	2611	2656	**2751**	3,7%	3,3%
457	448	420	**426**	1,3%	0,5%
48	48	48	**48**	□	0,1%
21471	**23296**	**24588**	**25119**	**2,0%**	**31,0%**
1680	1852	1946	**2015**	3,8%	2,2%
905	885	986	**1242**	26,0%	1,6%
-	24	168	**173**	3,0%	0,2%
258	243	240	**253**	5,5%	0,3%
751	749	721	**696**	-3,9%	0,9%
210	234	329	**355**	7,9%	0,5%
295	240	235	**234**	-0,2%	0,3%

EK-3 DÜNYA HAM PETROL ÜRETİM

Petrol Üretimi					
Bin Varil Gün	**1997**	**1998**	**1999**	**2000**	**2001**
Libya	1489	1480	1425	1469	1421
Nijerya	2316	2167	2066	2155	2274
Sudan	9	12	63	174	211
Tunus	81	83	84	78	71
Diğer Afrika Ülkeleri	64	63	56	56	53
Afrika Toplamı	**7768**	**7644**	**7606**	**7844**	**7918**
Avusturalya	669	644	625	809	733
Brunei	163	157	182	193	203
Çin	3211	3212	3213	3252	3306
Hindistan	800	787	788	780	780
Endonezya	1557	1520	1408	1456	1389
Malezya	777	779	751	754	748
Tayland	116	121	132	164	174
Vietnam	205	245	296	328	350
Diğer Asya Pasifik Ülkeleri	229	217	218	200	195
Asya Pasifik Toplamı	**7727**	**7684**	**7613**	**7936**	**7877**
Dünya Toplamı	**72241**	**73608**	**72373**	**74941**	**74736**
OECD	21660	21492	21095	21514	21297
OPEC	29950	31198	29903	31393	30614
OPEC harici £	34915	35020	34919	35535	35463
Eski Sovyet ülkeleri	7377	7391	7551	8013	8659

£ Eski Sovyet Ülkeleri Hariç

^ 0.05'den az

EK-3 DÜNYA HAM PETROL ÜRETİM

				2004-2005	2005
2002	**2003**	**2004**	**2005**	**değişim**	**payı**
1374	1486	1607	**1702**	5,9%	2,1%
2103	2263	2502	**2580**	3,1%	3,2%
233	255	325	**379**	16,6%	0,5%
75	68	72	**74**	3,4%	0,1%
63	71	75	**72**	-3,0%	0,1%
8022	**8438**	**9266**	**9835**	**6,2%**	**12,0%**
731	624	541	**554**	2,0%	0,6%
210	214	211	**206**	-2,0%	0,3%
3346	3401	3481	**3627**	4,2%	4,6%
801	798	816	**784**	-4,1%	0,9%
1288	1183	1152	**1136**	-1,4%	1,4%
785	831	857	**827**	-4,3%	0,9%
191	223	220	**276**	25,2%	0,3%
354	364	427	**392**	-8,2%	0,5%
193	195	186	**199**	6,9%	0,2%
7899	**7832**	**7890**	**8000**	**1,2%**	**9,8%**
74382	**77091**	**80198**	**81088**	**1,0%**	**100,0%**
21422	21156	20716	**19763**	-4,7%	23,8%
28882	30806	32985	**33836**	2,5%	41,7%
35968	35787	35805	**35408**	-1,1%	43,4%
9533	10499	11409	**11844**	3,7%	14,8%

(BP, 2006, s.10)

EK-4 DÜNYA HAM PETROL TÜKETİMİ

Petrol Tüketimi					
Bin Varil Gün	**1997**	**1998**	**1999**	**2000**	**2001**
ABD	18621	18917	19519	19701	19649
Kanda	1888	1913	1926	1937	2023
Meksika	1767	1844	1842	1884	1899
Kuzey Amerika Toplamı	**22275**	**22674**	**23286**	**23522**	**23571**
Arjantin	451	467	445	431	405
Brezilya	1729	1800	1879	1855	1896
Şili	242	247	249	236	230
Kolombiya	272	266	238	232	245
Ekvador	142	145	131	129	132
Peru	154	155	159	155	148
Venezuella	452	475	474	496	545
Diğer Orta Amerika Ülkeleri	1094	1124	1129	1126	1138
Orta Amerika Toplamı	**4535**	**4680**	**4704**	**4661**	**4739**
Avusturya	246	255	250	244	265
Azerbaycan	110	116	111	123	81
Belarus	179	175	154	143	149
Belçika	629	656	670	702	669
Bulgaristan	92	100	93	84	87
Çek Cumhuriyeti	170	174	174	169	178
Danimarka	229	223	222	215	205
Fillandiya	213	221	224	224	222
Fransa	1948	2016	2044	2007	2023
Almanya	2913	2915	2824	2763	2804

EK-4 DÜNYA HAM PETROL TÜKETİMİ

				2004-2005	2005
2002	**2003**	**2004**	**2005**	**değişim**	**payı**
19761	20033	20732	**20655**	-0,2%	24,6%
2067	2132	2248	**2241**	-0,2%	2,6%
1837	1885	1898	**1978**	3,3%	2,3%
23665	**24050**	**24877**	**24875**	**0,1%**	**29,5%**
364	372	394	**421**	7,6%	0,5%
1853	1785	1776	**1819**	2,4%	2,2%
228	229	244	**257**	5,5%	0,3%
222	222	223	**230**	3,7%	0,3%
131	137	144	**148**	2,7%	0,2%
147	140	152	**139**	-9,6%	0,2%
594	479	525	**553**	5,3%	0,7%
1149	1173	1188	**1208**	1,6%	1,5%
4688	**4537**	**4647**	**4776**	**2,8%**	**5,8%**
271	293	285	**294**	3,4%	0,4%
74	86	92	**103**	11,3%	0,1%
145	152	153	**137**	-10,4%	0,2%
691	748	785	**809**	3,1%	1,0%
88	98	102	**109**	6,7%	0,1%
174	185	203	**211**	4,1%	0,3%
200	193	189	**189**	0,2%	0,2%
226	239	224	**233**	4,2%	0,3%
1967	1965	1978	**1961**	-0,7%	2,4%
2714	2664	2634	**2586**	-1,7%	3,2%

EK-4 DÜNYA HAM PETROL TÜKETİMİ

Petrol Üretimi					
Bin Varil Gün	**1997**	**1998**	**1999**	**2000z**	**2001**
Yunanistan	379	374	383	406	411
Macaristan	150	157	151	145	142
İzlanda	18	18	18	19	18
İrlanda Cumhuriyeti	136	152	172	170	185
İtalya	1969	1974	1980	1956	1946
Kazakistan	213	176	147	158	186
Litvanya	66	76	63	49	56
Hollanda	856	854	880	897	942
Norveç	223	215	216	201	213
Polonya	391	424	431	427	415
Portekiz	293	322	330	324	327
Romanya	276	242	195	203	217
Rusya Federasyonu	2689	2554	2625	2583	2566
Slovakya	72	80	73	73	68
İspanya	1290	1381	1423	1452	1508
İsveç	336	338	337	318	318
İsviçre	276	279	271	263	281
Türkiye	646	640	638	677	645
Turkmenistan	67	75	80	79	83
Ukrayna	292	302	272	255	273
İngiltere	1752	1741	1721	1697	1697
Özbekistan	145	146	143	138	135
Other Europe & Eurasia	474	459	425	402	427
Avrupa ve Avrasya Toplamı	**19738**	**19826**	**19742**	**19564**	**19743**

EK-4 DÜNYA HAM PETROL TÜKETİMİ

				2004-2005	2005
2002	**2003**	**2004**	**2005**	**değişim**	**payı**
414	404	435	**429**	-1,5%	0,5%
140	132	136	**151**	10,6%	0,2%
19	18	20	**19**	-2,4%	□
182	178	185	**196**	5,4%	0,2%
1943	1927	1873	**1809**	-3,5%	2,2%
193	183	188	**208**	11,4%	0,3%
53	51	54	**57**	4,0%	0,1%
952	962	1003	**1071**	7,7%	1,3%
208	219	210	**213**	1,8%	0,3%
420	435	460	**478**	4,1%	0,6%
338	317	322	**320**	-0,5%	0,4%
226	199	230	**240**	4,5%	0,3%
2606	2645	2714	**2753**	1,4%	3,4%
76	71	68	**73**	9,6%	0,1%
1526	1559	1593	**1618**	1,7%	2,1%
317	332	319	**315**	-1,2%	0,4%
267	259	258	**262**	2,1%	0,3%
656	668	688	**650**	-5,9%	0,8%
86	95	103	**110**	6,8%	0,1%
278	286	293	**294**	0,4%	0,4%
1693	1717	1764	**1790**	1,7%	2,2%
130	148	155	**161**	4,3%	0,2%
453	475	482	**502**	4,4%	0,6%
19726	**19903**	**20195**	**20350**	**0,9%**	**25,1%**

EK-4 DÜNYA HAM PETROL TÜKETİMİ

Petrol Üretimi					
Bin Varil Gün	**1997**	**1998**	**1999**	**2000z**	**2001**
Iran	1269	1221	1243	1319	1331
Kuveyt	139	180	202	202	206
Katar	41	43	42	44	54
Suudi Arabistan	1391	1492	1504	1536	1551
Birleşik Arap Emirlikleri	345	283	271	255	292
Diğer Orta Doğu Ülkeleri	1272	1303	1337	1379	1421
Orta Doğu Toplamı	**4457**	**4522**	**4599**	**4735**	**4854**
Cezayir	187	194	187	192	200
Mısır	531	559	573	564	548
Güney Afrika	445	451	462	475	488
Diğer Afrika Ülkeleri	1145	1185	1226	1226	1239
Afrika Toplamı	**2308**	**2389**	**2449**	**2458**	**2475**
Avusturalya	823	825	843	837	845
Bangladeş	69	76	68	66	80
Çin	4179	4228	4477	4772	4872
Çin Hon Kong	192	184	193	201	243
Hindistan	1828	1963	2134	2254	2284
Endonezya	963	914	980	1049	1088
Japonya	5762	5525	5618	5577	5435
Malezya	431	407	439	441	448
Yeni Zelenda	131	131	134	134	136
Pakistan	339	350	363	373	366

EK-4 DÜNYA HAM PETROL TÜKETİMİ

				2004-2005	2005
2002	2003	2004	2005	değişim	payı
1429	1513	1575	**1659**	5,4%	2,0%
222	238	266	**280**	5,2%	0,4%
79	77	84	**98**	17,1%	0,1%
1572	1684	1805	**1891**	4,5%	2,3%
320	333	355	**376**	5,5%	0,5%
1425	1394	1407	**1436**	1,9%	1,8%
5047	**5238**	**5492**	**5739**	**4,4%**	**7,1%**
222	231	240	**254**	6,0%	0,3%
534	550	567	**616**	9,3%	0,8%
501	513	523	**529**	0,6%	0,6%
1254	1274	1315	**1363**	3,6%	1,7%
2511	**2568**	**2646**	**2763**	**4,4%**	**3,4%**
846	851	856	**884**	2,7%	1,0%
80	78	80	**82**	2,8%	0,1%
5288	5803	6772	**6988**	2,9%	8,5%
268	269	314	**285**	-9,6%	0,4%
2374	2420	2573	**2485**	-3,5%	3,0%
1115	1132	1150	**1168**	1,4%	1,4%
5359	5455	5286	**5360**	1,4%	6,4%
489	480	493	**477**	-3,3%	0,6%
141	148	150	**152**	1,1%	0,2%
357	321	325	**353**	8,8%	0,5%

EK-4 DÜNYA HAM PETROL TÜKETİMİ

Petrol Üretimi					
Bin Varil Gün	**1997**	**1998**	**1999**	**2000z**	**2001**
Filipinler	389	392	375	348	347
Singapur	630	651	619	654	716
Güney Kore	2373	2030	2178	2229	2235
Tayvan	741	766	820	816	819
Tayland	785	736	734	725	701
Diğer Asya Pasifik Ülkeleri	298	324	331	363	383
Asya Pasifik Toplamı	**19929**	**19503**	**20307**	**20839**	**20998**
Dünya Toplamı	**73244**	**73594**	**75087**	**75779**	**76379**
AB üyesi 25 ülke	14209	14503	14522	14402	14553
OECD	46498	46592	47492	47646	47704
Eski Sovyet Ülkeleri	3890	3741	3700	3623	3627
Diğer	22855	23261	23895	24511	25048

^ 0.05'den az

□0.05%'den az

Estonya Litvanya Hariç

(BP, 2006, s.10)

EK-4 DÜNYA HAM PETROL TÜKETİMİ

				2004-2005	2005
2002	2003	2004	2005	değişim	payı
332	330	336	**314**	-6,9%	0,4%
699	668	748	**826**	11,0%	1,1%
2282	2300	2283	**2308**	0,8%	2,7%
844	868	880	**884**	0,2%	1,1%
766	836	913	**946**	4,0%	1,2%
406	400	427	**445**	4,3%	0,5%
21644	**22359**	**23586**	**23957**	**1,5%**	**29,1%**
77280	**78655**	**81444**	**82459**	**1,3%**	**100,0%**
14471	14546	14687	**14772**	0,7%	18,3%
47687	48289	49082	**49254**	0,4%	59,2%
3667	3752	3861	**3936**	1,9%	4,9%
25926	26614	28501	**29270**	2,6%	36,0%

EK-5 172 ÜLKEDE DİZEL VE BENZİN FİYATLARI

Afrika (Litre Başına Sent Fiyatı)

	Diesel							Super Gasoline						
Country	1991	1993	1995	1998	2000	2002	2004	1991	1993	1995	1998	2000	2002	2004
Afghanistan						27	58						34	53 **
Armenia				25	31	29	56				49	55	42	68
Australia				45	57	48	83				46	57	50	85
Azerbaijan				22	20	16	18				46	39	37	41
Bahrain				18	21	19	19				26	27	27	27
Bangladesh			31	26	29	29	34			36	47	46	52	59 **
Bhutan				26	38		59				59	58		78 *
Brunei				18	18	18	19				34	31	30	32 ***
Cambodia				28	44	44	61				47	61	63	79
China			24	25	45	37	43			27	28	40	42	48
China, Hong Kong	57		74	85	80	77	100	82		119	136	146	147	154
China, Macao				51	50						74	73		
Fiji				37			73				50			91 **
Georgia				25		41	67				46		48	73
India	23		19	21	39	41	62	56		48	56	60	66	87
Indonesia	13		20	7	6	19	18	24		44	16	17	27	27
Iran, Islamic Rep.				1	2	2	2				8	5	7	9 *
Iraq				1	3	1	1				1	3	2	3
Israel			31	31	64	62	80			73	86	114	90	105
Japan			75	69	76	66	95			125	102	106	91	126 ***
Jordan			15	15	15	17	19			40	42	45	52	61
Kazakhstan				24	29	29	38			30	30	36	35	52
Korea, Dem. Rep. (North)				41	35	41	61				73	55	55	78
Korea, Rep. (South)	25		33	41	66	64	95	54		79	93	92	109	135 *
Kuwait				13	18	18	24				17	21	20	24
Kyrgyz Republic				27	33	25	43				47	44	39	48
Lao PDR				24	32	30	48				31	41	36	54 *
Lebanon				22	31	25	43				35	53	65	71
Malaysia	22		26	17	16	19	22	40		42	28	28	35	37 ***
Mongolia				22	38	37	67				23	38	38	61
Myanmar (Burma)				12	12	28	10				13	33	36	12 *
Nepal	31		22	24	37	34	49	65		52	59	63	66	72 *
New Zealand			32	39	34	33	41			61	64	48	55	77
Oman				26	29	26	26				31	31	31	31
Pakistan			20	19	27	35	41			47	46	53	52	62
Papua New Guinea				28	34		64				41	53		94 *
Philippines	25		27	22	28	27	34	40		34	34	37	35	52
Qatar				15			16				16			21
Russian Federation			28	18	29	25	45			35	28	33	35	55
Saudi Arabia			9	10	10	10	10			16	16	24	24	24
Singapore	28		33	36	38	38	55	61		85	72	84	85	89
Sri Lanka	27		23	30	27	31	41	75		75	84	66	54	72
Syrian Arab Republic				14	13	18	13				45	44	53	46 *
Taiwan (China)	48		38	41	50	41	55	69		59	57	61	51	71
Tajikistan				13	55	24	59				26	45	36	67
Thailand	26		30	27	35	32	37	36		34	30	39	36	54
Timor Leste							65							65 *
Turkey			37	47	66	78	112			56	78	88	102	144
Turkmenistan				5	2	1	1				9	2	2	2
United Arab Emirates				15	26	30	28				23	25	29	28
Uzbekistan			31	9	9	26	30			32	11	14	38	35
Vietnam			25	26	27	27	32			34	35	38	34	48 *
West Bank and Gaza				31	61	52	70				86	108	99	117
Yemen, Rep.				7	6	10	9				26	21	21	19

Metschies, 2005, s.12

Amerika (Litre Başına Sent Fiyatı)

	Diesel							Super Gasoline						
Country	1991	1993	1995	1998	2000	2002	2004	1991	1993	1995	1998	2000	2002	2004
Antigua and Barbuda					56		68					56		68
Argentina		29	28	42	52	46	49		79	60	94	107	63	63
Barbados				62	75	53	62				72	95	66	82 *
Belize							80							120
Bolivia		35	31	35	50	42	40		43	38	53	80	69	54
Brazil		38	39	34	34	31	49		53	63	80	92	55	84
Canada		39	36	39	47	43	68		47	45	41	58	51	68
Chile		31	33	29	47	39	64		43	53	49	64	58	85
Colombia		19	27	20	35	24	36		23	35	24	49	44	72
Costa Rica						44	56						64	78
Cuba				18		45	55				50		90	95
Dominican Republic			28	22	39	27	61			40	40	71	49	85 ***
Ecuador		19	28	24	18	27	27		31	33	38	31	55	54 *
El Salvador				30	40	33	58				54	67	46	65
Grenada				41	41	41	68				54	54	54	73 *
Guatemala		25	28	32	42	32	63		32	39	41	53	48	68
Guyana				27	37	27	61				30	37	31	74
Haiti				36	35	30	60				59	64	54	88
Honduras		26	25	30	46	46	66		41	35	50	62	63	81
Jamaica				33	49	44	57				37	62	52	63
Mexico		28	25	28	45	47	45		39	32	36	61	62	59 ***
Nicaragua		30	31	35	54	41	64		69	62	47	62	54	69
Panama		30		28	41	36	48		43		41	53	51	54 *
Paraguay		27	28	24	34	34	51		43	44	47	72	56	62
Peru		32	43	33	54	48	76		56	68	55	80	74	112
Puerto Rico				32			52				34			51 ***
Suriname				41	41	41	50				56	56	56	50
Trinidad and Tobago				20	20	21	24				39	39	40	35
United States		28	33	27	48	39	57		32	34	32	47	40	54
Uruguay			38	42	53	20	71			89	90	119	46	113
Venezuela, RB			1	8	6	5	2			3	14	12	5	4

Metschies, 2005, s.27

Asya ve Orta Doğu (Litre Başına Sent Fiyatı)

	Diesel							Super Gasoline						
Country	1991	1993	1995	1998	2000	2002	2004	1991	1993	1995	1998	2000	2002	2004
Algeria	4	9	23	16	15	10	15	15	20	40	31	27	22	32
Angola				19	15	13	29				38	30	19	39 *
Benin	48	47	28	31	39	41	72	63	62	36	39	48	54	77
Botswana	61	37	35	29	39	38	61	68	41	38	31	42	41	66
Burkina Faso	84	85	62	50	46	62	94	103	100	81	68	68	83	118
Burundi	61	54	48	66	71	54	108	63	59	52	72	101	58	104 *
Cameroon	58	58	50	48	47	57	83	68	69	68	64	56	68	95 *
Cape Verde	40			43	39		81	68			81	59		140 *
Central African Republic	99	98	64	65		87	114	133	128	82	81		100	129
Chad	97	95	70	61	60	77	101	105	102	80	70	68	79	117
Congo, Dem. Rep.	73	67	70	50	93	69	81	81	74	73	50	100	70	92 **
Congo, Rep.	71			40	30	48	59	105			72	53	69	87 *
Côte d'Ivoire	115	86	56	45	51	60	95	124	123	83	74	76	85	114 ***
Egypt, Arab Rep.	7	9	12	12	10	8	10	29	30	29	29	26	19	28
Eritrea		29	19	23	33	25	40		50	40	37	56	36	80
Ethiopia	14	19	24	25	27	32	42	27	26	32	36	46	52	60 *
Gabon	83	70		39	37	53	69	118	116		63	53	69	90 *
Gambia	52	48		63	47	40	73	73	67		83	64	46	75 *
Ghana	43	45	33	30	19	23	43	53	53	38	32	20	28	49
Guinea	61	56		56	69	56	69	67	61		68	85	66	75 *
Kenya	37	33	43	54	60	56	76	53	40	56	70	71	70	92
Lesotho				38	47		68				39	50		73
Liberia							77							75 *
Libya				17	16	8	8				22	25	10	9 *
Madagascar	25	31	32	33	45	65	79	43	54	47	47	76	108	105
Malawi	56	67	55	45	68	62	88	64	71	65	51	69	66	95
Mali	74	74	57	48	43	55	90	112	114	82	77	70	69	116
Mauritania	53	43		31	40	39	59	86	85		59	67	63	80 *
Mauritius							56							74
Morocco	45	41	47	47	53	55	70	82	75	94	79	82	87	110
Mozambique	26	21	32	41	54	43	79	74	48	53	55	56	46	88
Namibia	41	38		36	44	43	65	46	42		38	47	45	68
Niger	81	60	55	52	48	55	91	94	92	79	76	68	77	102 *
Nigeria	4	1	3	10	27	19	45	5	2	13	13	27	20	39
Rwanda	79	88		72	84	84	99	81	93		72	89	84	98
Senegal	74	88	62	48	52	53	90	119	123	94	71	73	75	110 *
Sierra Leone	43	44		53		50	89	45	49		61		51	76
Somaliland (N.Somalia)	15						49	21						63 *
South Africa		52	46	39	50	40	80		52	51	43	50	43	81
Sudan	6	58	25	26	24	24	29	7	58	50	33	28	30	47 *
Swaziland	41	40		36	44		73	46	43		37	47		76
Tanzania	25	30	44	57	73	61	87	42	43	56	63	75	67	93
Togo	66	63	40	37	40	46	83	81	72	47	42	48	56	85
Tunisia	33	31	44	33	29	19	39	58	52	64	60	49	29	68
Uganda	55	71	85	68	75	70	88	69	79	98	86	86	83	102
Zambia	24	66	57	49		60	98	40	72	60	53		72	110
Zimbabwe	37	28	29	22	72	5 CF	65	68	47	38	26	85	5 CF	61 *

Metschies, 2005, s.38

Avrupa (Litre Başına Sent Fiyatı)

	Diesel							Super Gasoline						
Country	1991	1993	1995	1998	2000	2002	2004	1991	1993	1995	1998	2000	2002	2004
Albania				43	30	51	102				86	57	80	123
Austria			87	82	74	73	119			115	104	82	84	132
Belarus				13	36	36	44				34	55	50	62
Belgium			82	85	78	80	107			118	112	96	104	150
Bosnia and Herzegovina				60	57	74	97				66	68	74	97
Bulgaria			26	52	58	59	89			46	66	70	68	92
Croatia			64	61	60	74	113			75	67	76	89	124
Cyprus (south only)				25	18	44	95				78	57	83	108
Czech Republic			60	60	68	71	107			85	72	77	81	108
Denmark			87	85	90	94	135			108	105	101	109	151
Estonia			33	36	55	56	94			33	45	60	58	94
Finland			85	79	84	80	121			120	117	106	112	154
France			78	77	82	80	125			117	111	99	105	142
Germany			77	69	78	82	129			112	96	91	103	146
Greece			59	40	71	68	123			88	65	72	78	114
Hungary			65	64	79	85	122			74	72	81	94	130
Iceland				40	45	62	88				112	105	116	164
Ireland			87	102	72	80	129			96	102	72	90	129
Italy			86	93	83	86	131			118	119	97	105	153
Kosovo			84	43	56	66	103			76	61	56	74	116
Latvia			34	35	58	65	90			41	55	67	70	94
Liechtenstein				89	84	93	137				85	81	89	129
Lithuania			30	34	55	59	102			35	51	66	69	103
Luxembourg			68	61	67	65	98			84	78	75	76	119
Macedonia, FYR			59	46	56	63	92			93	70	76	85	117
Malta				49	44	53	97				77	81	87	118
Montenegro			84	43	56	66	106			76	61	56	74	120
Netherlands			82	79	78	81	123			121	114	103	112	162
Norway			109	110	115	118	144			133	121	119	123	161
Poland			42	44	65	68	109			55	54	76	83	120
Portugal				71	54	71	108				102	77	97	138
Romania			19	40	35	57	91			29	53	46	64	96
Serbia			84	43	56	66	85			76	61	56	74	100
Slovak Republic			40	54	68	70	119			66	61	69	74	117
Slovenia			50	64	66	67	111			59	66	63	76	112
Spain			70	70	65	72	110			89	84	73	83	121
Sweden			101	84	80	96	137			117	109	94	106	151
Switzerland			101	91	84	93	137			102	86	78	89	129
Ukraine				25	30	34	44				49	37	47	55
United Kingdom			85	111	122	120	160			92	111	117	118	156

Metschies, 2005, s.53

EK-6 DÜNYA DOĞAL GAZ REZERVLERİ

İspatlanmış Doğal gaz Rezervleri	**1985 sonu** trilyon metreküp	**1995 sonu** trilyon metreküp	**2004 sonu** trilyon metreküp
ABD	5,41	4,62	5,45
Kanda	2,78	1,93	1,59
Meksika	2,17	1,92	0,42
Kuzey Amerika Toplamı	**10,37**	**8,47**	**7,46**
Arjantin	0,68	0,62	0,55
Bolivya	0,13	0,13	0,76
Brezilya	0,09	0,15	0,33
Kolombiya	0,11	0,22	0,12
Peru	+	0,20	0,33
Trinidad & Tobago	0,32	0,35	0,53
Venezuella	1,73	4,06	4,29
Diğer Orta Amerika Ülkeleri	0,24	0,23	0,17
Orta Amerika Toplamı	**3,32**	**5,96**	**7,07**
Azerbaycan	n/a	n/a	1,37
Danimarka	0,09	0,12	0,08
Almanya	0,30	0,22	0,20
İtalya	0,26	0,30	0,18
Kazakistan	n/a	n/a	3,00
Hollanda	1,86	1,82	1,45
Norveç	0,57	1,81	2,39
Polonya	0,10	0,15	0,11

EK-6 DÜNYA DOĞAL GAZ REZERVLERİ

trilyon feet	**2005 sonu** trilyon metreküp	toplamdaki payı	Yeterlilik Süresi
192,5	5,45	3,0%	10,4
56,0	1,59	0,9%	8,6
14,5	0,41	0,2%	10,4
263,3	**7,46**	**4,1%**	**9,9**
17,8	0,50	0,3%	11,1
26,1	0,74	0,4%	71,1
10,9	0,31	0,2%	**27,3**
4,0	0,11	0,1%	16,7
11,5	0,33	0,2%	*
19,2	0,55	0,3%	18,8
152,3	4,32	2,4%	*
5,9	0,17	0,1%	87,7
247,8	**7,02**	**3,9%**	**51,8**
48,4	1,37	0,8%	*
2,4	0,07	□	6,5
6,6	0,19	0,1%	11,8
5,9	0,17	0,1%	14,0
105,9	3,00	1,7%	*
49,6	1,41	0,8%	22,3
84,9	2,41	1,3%	28,3
3,8	0,11	0,1%	25,3

EK-6 DÜNYA DOĞAL GAZ REZERVLERİ

İspatlanmış Doğal gaz Rezervleri	**1985 sonu** trilyon metreküp	**1995 sonu** trilyon metreküp	**2004 sonu** trilyon metreküp
Romanya	0,27	0,41	0,30
Rusya Federasyonu	n/a	n/a	47,80
Türkmenistan	n/a	n/a	2,90
Ukrayna	n/a	n/a	1,11
İngiltere	0,65	0,70	0,53
Özbekistan	n/a	n/a	1,86
Other Europe & Eurasia	40,37	57,64	0,46
Avrupa ve Avrasya Toplamı	**44,45**	**63,16**	**63,73**
Bahreyn	0,21	0,15	0,09
Iran	13,99	19,35	26,74
Irak	0,82	3,36	3,17
Kuveyt	1,04	1,49	1,57
Umman	0,22	0,45	1,00
Katar	4,44	8,50	25,78
Suudi Arabistan	3,69	5,54	6,83
Suriye	0,12	0,24	0,31
Birleşik Arap Emirlikleri	3,15	5,86	6,06
Yemen	-	0,43	0,48
Diğer Orta Doğu Ülkeleri	+	+	0,05
Orta Doğu Toplamı	**27,67**	**45,37**	**72,09**

EK-6 DÜNYA DOĞAL GAZ REZERVLERİ

trilyon feet	**2005 sonu** trilyon metreküp	toplamdaki payı	Yeterlilik Süresi
22,2	0,63	0,3%	48,6
1688,0	47,82	26,6%	80,0
102,4	2,90	1,6%	49,3
39,0	1,11	0,6%	58,7
18,7	0,53	0,3%	6,0
65,3	1,85	1,0%	33,2
16,2	0,46	0,3%	47,0
2259,4	**64,01**	**35,6%**	**60,3**
3,2	0,09	0,1%	9,1
943,9	26,74	14,9%	*
111,9	3,17	1,8%	*
55,5	1,57	0,9%	*
35,1	1,00	0,6%	56,9
910,1	25,78	14,3%	*
243,6	6,90	3,8%	99,3
10,9	0,31	0,2%	57,3
213,0	6,04	3,4%	*
16,9	0,48	0,3%	*
1,8	0,05	□	26,7
2546,0	**72,13**	**40,1%**	*

EK-6 DÜNYA DOĞAL GAZ REZERVLERİ

İspatlanmış Doğal gaz Rezervleri	1985 sonu trilyon metreküp	1995 sonu trilyon metreküp	2004 sonu trilyon metreküp
Cezayir	3,35	3,69	4,55
Mısır	0,26	0,65	1,87
Libya	0,63	1,31	1,49
Nijerya	1,34	3,47	5,23
Diğer Afrika Ülkeleri	0,59	0,81	1,17
Afrika Toplamı	**6,16**	**9,93**	**14,30**
Avusturalya	0,77	1,28	2,52
Bangladeş	0,35	0,27	0,44
Bruney	0,24	0,40	0,34
Çin	0,87	1,67	2,20
Hindistan	0,48	0,68	0,92
Endonezya	1,98	1,95	2,77
Malezya	1,49	2,27	2,46
Myanmar	0,27	0,27	0,50
Pakistan	0,62	0,60	0,80
Papua Yeni Gine	0,02	0,43	0,43
Tayland	0,22	0,18	0,35
Vietnam	0,00	0,15	0,24
Diğer Asya Pasifik Ülkeleri	0,25	0,41	0,38
Asya Pasifik Toplamı	**7,57**	**10,54**	**14,35**
Dünya Toplamı	**99,54**	**143,42**	**179,00**

EK-6 DÜNYA DOĞAL GAZ REZERVLERİ

trilyon feet	**2005 sonu** trilyon metreküp	toplamdaki payı	Yeterlilik Süresi
161,7	4,58	2,5%	52,2
66,7	1,89	1,1%	54,4
52,6	1,49	0,8%	*
184,6	5,23	2,9%	*
42,2	1,20	0,7%	*
508,1	**14,39**	**8,0%**	**88,3**
89,0	2,52	1,4%	67,9
15,4	0,44	0,2%	30,7
12,0	0,34	0,2%	28,3
83,0	2,35	1,3%	47,0
38,9	1,10	0,6%	36,2
97,4	2,76	1,5%	36,3
87,5	2,48	1,4%	41,4
17,7	0,50	0,3%	38,5
34,0	0,96	0,5%	32,2
15,1	0,43	0,2%	*
12,5	0,35	0,2%	16,5
8,3	0,24	0,1%	45,6
13,1	0,37	0,2%	34,7
523,7	**14,84**	**8,3%**	**41,2**
6.348,1	**179,83**	**100,0%**	**65,1**

EK-6 DÜNYA DOĞAL GAZ REZERVLERİ

İspatlanmış Doğal gaz Rezervleri	**1985 sonu** trilyon metreküp	**1995 sonu** trilyon metreküp	**2004 sonu** trilyon metreküp
25 AB üyesi Ülke	3,49	3,44	2,65
OECD	15,38	15,09	15,02
Eski Sovyet Ülkeleri	40,00	57,37	58,32

* 100 yıldan fazla
+ 0.05'den az
□0.05%'den az
n/a not available

(BP, 2006, s.24)

EK-6 DÜNYA DOĞAL GAZ REZERVLERİ

trilyon feet	**2005 sonu** trilyon metreküp	toplamdaki payı	Yeterlilik Süresi
90,8	2,57	1,4%	12,9
527,7	14,95	8,3%	13,8
2058,8	58,32	32,4%	76,7

EK-7 DÜNYA DOĞAL GAZ ÜRETİMİ

Doğal gaz Üretimi					
Milyar metreküp	**1997**	**1998**	**1999**	**2000**	**2001**
ABD	543,1	549,2	541,6	550,6	565,8
Kanada	165,8	171,3	177,4	183,2	186,8
Meksika	31,7	34,3	37,2	35,8	35,3
Kuzey Amerika Toplamı	**740,6**	**754,8**	**756,2**	**769,6**	**787,9**
Arjantin	27,4	29,6	34,6	37,4	37,1
Bolivya	2,7	2,8	2,3	3,2	4,7
Brezilya	6,0	6,3	6,7	7,2	7,6
Kolombiya	5,9	6,3	5,2	5,9	6,1
Trinidad & Tobago	7,4	8,6	11,7	14,1	15,2
Venezuella	30,8	32,3	27,4	27,9	29,6
Diğer Orta Amr. Ülk.	2,4	2,5	2,1	2,2	2,3
Orta Amerika Toplamı	**82,5**	**88,4**	**90,0**	**97,9**	**102,6**
Azerbaycan	5,6	5,2	5,6	5,3	5,2
Danimarka	7,9	7,6	7,8	8,1	8,4
Almanya	17,1	16,7	17,8	16,9	17,0
İtalya	19,3	19,0	17,5	16,2	15,2
Kazakistan	7,6	7,4	9,3	10,8	10,8
Hollanda	67,1	63,6	59,3	57,3	61,9
Norveç	43,0	44,2	48,5	49,7	53,9
Polonya	3,6	3,6	3,4	3,7	3,9
Romanya	15,0	14,0	14,0	13,8	13,6
RusyaFederasyonu	532,6	551,3	551,0	545,0	542,4

EK-7 DÜNYA DOĞAL GAZ ÜRETİMİ

				2004-2005	2005
2002	2003	2004	2005	değişim	payı
544,3	551,4	539,4	**525,7**	-2,3%	19,0%
187,8	182,7	183,6	**185,5**	1,3%	6,7%
35,3	36,4	37,4	**39,5**	6,0%	1,4%
767,4	**770,5**	**760,4**	**750,6**	**-1,0%**	**27,2%**
36,1	41,0	44,9	**45,6**	1,9%	1,7%
4,9	6,4	8,5	**10,4**	23,2%	0,4%
9,2	10,0	11,0	**11,4**	3,1%	0,4%
6,2	6,1	6,4	**6,8**	7,0%	0,2%
17,3	24,7	28,1	**29,0**	3,5%	1,0%
28,4	25,2	28,1	**28,9**	3,2%	1,0%
2,3	2,2	2,8	**3,5**	26,3%	0,1%
104,4	**115,7**	**129,7**	**135,6**	**4,8%**	**4,9%**
4,8	4,8	4,7	**5,3**	13,9%	0,2%
8,4	8,0	9,4	**10,4**	11,1%	0,4%
17,0	17,7	16,4	**15,8**	-3,2%	0,6%
14,6	13,7	13,0	**12,0**	-7,3%	0,4%
10,6	12,9	20,6	**23,5**	14,2%	0,9%
59,9	58,4	68,8	**62,9**	-8,4%	2,3%
65,5	73,1	78,5	**85,0**	8,6%	3,1%
4,0	4,0	4,4	**4,3**	-0,8%	0,2%
13,2	13,0	12,8	**12,9**	1,3%	0,5%
555,4	578,6	591,0	**598,0**	1,5%	21,6%

EK-7 DÜNYA DOĞAL GAZ ÜRETİMİ

Doğal gaz Üretimi					
Milyar metreküp	**1997**	**1998**	**1999**	**2000**	**2001**
Turkmenistan	16,1	12,4	21,3	43,8	47,9
Ukrayna	17,4	16,8	16,9	16,7	17,1
İngiltere	85,9	90,2	99,1	108,4	105,9
Özbekistan	47,8	51,1	51,9	52,6	53,5
Diğer Avr. ve Avr. Ülkeleri	13,4	12,4	11,5	11,3	11,0
Avrupa ve Avrasya Toplamı	**899,1**	**915,5**	**934,9**	**959,5**	**967,7**
Bahreyn	8,0	8,4	8,7	8,8	9,1
Iran	47,0	50,0	56,4	60,2	66,0
Kuveyt	9,3	9,5	8,6	9,6	8,5
Umman	5,0	5,2	5,5	8,7	14,0
Katar	17,4	19,6	22,1	23,7	27,0
Suudi Arabistan	45,3	46,8	46,2	49,8	53,7
Suriye	3,8	4,3	4,5	4,2	4,1
Birleşik Arap Emirlikleri	36,3	37,1	38,5	38,4	39,4
Diğer Orta Doğu Ülkeleri	3,3	3,2	3,4	3,4	3,0
Orta Doğu Toplamı	**175,4**	**184,0**	**193,8**	**206,8**	**224,8**
Cezayir	71,8	76,6	86,0	84,4	78,2
Mısır	11,6	12,2	14,7	18,3	21,5
Libya	6,0	5,8	4,7	5,3	5,6
Nijerya	5,1	5,1	6,0	12,5	14,9
Diğer Afrika Ülkeleri	4,9	5,0	5,4	5,9	6,6
Afrika Toplamı	**99,4**	**104,8**	**116,9**	**126,5**	**126,8**

EK-7 DÜNYA DOĞAL GAZ ÜRETİMİ

				2004-2005	2005
2002	**2003**	**2004**	**2005**	**değişim**	**payı**
49,9	55,1	54,6	**58,8**	7,9%	2,1%
17,4	17,7	19,1	**18,8**	-1,2%	0,7%
103,6	102,9	96,0	**88,0**	-8,1%	3,2%
53,8	53,6	55,8	**55,7**	□	2,0%
11,3	10,7	11,0	**9,8**	-10,7%	0,4%
989,4	**1024,4**	**1055,9**	**1061,1**	**0,8%**	**38,4%**
9,5	9,6	9,8	**9,9**	1,3%	0,4%
75,0	81,5	84,9	**87,0**	2,8%	3,1%
8,0	9,1	9,7	**9,7**	0,3%	0,4%
15,0	16,5	17,2	**17,5**	2,0%	0,6%
29,5	31,4	39,2	**43,5**	11,4%	1,6%
56,7	60,1	65,7	**69,5**	6,1%	2,5%
5,0	5,2	5,3	**5,4**	3,0%	0,2%
43,4	44,8	46,3	**46,6**	0,9%	1,7%
2,6	1,8	2,5	**3,4**	39,2%	0,1%
244,7	**259,9**	**280,4**	**292,5**	**4,6%**	**10,6%**
80,4	82,8	82,0	**87,8**	7,3%	3,2%
22,7	25,0	26,9	**34,7**	29,4%	1,3%
5,6	5,8	6,5	**11,7**	79,5%	0,4%
14,2	19,2	21,8	**21,8**	0,3%	0,8%
6,8	6,9	7,0	**7,0**	0,1%	0,3%
129,6	**139,7**	**144,3**	**163,0**	**13,3%**	**5,9%**

EK-7 DÜNYA DOĞAL GAZ ÜRETİMİ

Doğal gaz Üretimi					
Milyar metreküp	**1997**	**1998**	**1999**	**2000**	**2001**
Avusturalya	29,8	30,4	30,8	31,2	32,5
Bangladeş	7,6	7,8	8,3	10,0	10,7
Bruney	11,7	10,8	11,2	11,3	11,4
Çin	22,7	23,3	25,2	27,2	30,3
Hindistan	23,0	24,7	25,9	26,9	27,2
Endonezya	67,2	64,3	71,0	68,5	66,3
Malezya	38,6	38,5	40,8	45,3	46,9
Myanmar	1,5	1,8	1,7	3,4	7,2
Yeni Zelenda	5,2	4,6	5,3	5,6	5,9
Pakistan	15,6	16,0	17,3	18,8	19,8
Tayland	15,2	16,3	17,7	18,6	18,0
Vietnam	0,5	0,9	1,3	1,6	2,0
Diğer Asya Pasifik Ülk.	3,5	3,6	3,6	3,7	3,9
Asya Pasifik Toplamı	**242,2**	**242,7**	**260,1**	**272,0**	**282,2**
Dünya Toplamı	**2239,3**	**2290,1**	**2351,9**	**2432,3**	**2492,1**
25 AB üyesi Ülke	211,1	209,8	213,1	218,4	220,1
OECD	1032,2	1046,6	1056,8	1077,6	1103,1
Eski Sovyet Ülkeleri	627,4	644,6	656,3	674,5	677,3
Diğer	579,7	599,0	638,7	680,1	711,6

* Yeniden işlenmiş gaz hariç

+ 0.05'den az

□0.05%'den az

(BP, 2006, s.26)

EK-7 DÜNYA DOĞAL GAZ ÜRETİMİ

				2004-2005	2005
2002	**2003**	**2004**	**2005**	**değişim**	**payı**
32,6	33,2	35,3	**37,1**	5,5%	1,3%
11,4	12,3	13,3	**14,2**	7,1%	0,5%
11,5	12,4	12,2	**12,0**	-1,5%	0,4%
32,7	35,0	41,0	**50,0**	22,2%	1,8%
28,7	29,9	30,1	**30,4**	1,3%	1,1%
70,4	72,8	75,4	**76,0**	1,1%	2,8%
48,3	51,8	53,9	**59,9**	11,6%	2,2%
8,4	9,6	10,2	**13,0**	27,8%	0,5%
5,6	4,3	3,8	**3,7**	-3,3%	0,1%
20,6	23,2	26,9	**29,9**	11,5%	1,1%
18,9	19,6	20,3	**21,4**	6,0%	0,8%
2,4	2,4	4,2	**5,2**	24,1%	0,2%
5,5	6,7	6,5	**7,3**	12,2%	0,3%
297,0	**313,1**	**333,0**	**360,1**	**8,4%**	**13,0%**
2532,6	**2623,3**	**2703,8**	**2763,0**	**2,5%**	**100,0%**
215,4	212,0	215,3	**199,7**	-7,0%	7,2%
1089,5	1096,5	1096,6	**1079,4**	-1,3%	39,1%
692,2	723,1	746,1	**760,3**	2,2%	27,5%
750,9	803,7	861,1	**923,2**	7,5%	33,4%

EK-8 DÜNYA DOĞAL GAZ TÜKETİMİ

Doğal gaz Tüketimi					
Milyar metreküp	1997	1998	1999	2000	2001
ABD	653,2	642,2	644,3	669,7	641,4
Kanada	83,8	85,0	83,1	83,0	82,8
Meksika	32,3	35,4	37,4	38,5	39,0
Kuzey Amerika Toplamı	**769,3**	**762,6**	**764,8**	**791,2**	**763,2**
Arjantin	28,5	30,5	32,4	33,2	31,1
Brezilya	6,0	6,3	7,1	9,3	11,7
Şili	2,8	3,3	4,6	5,2	6,3
Kolombiya	5,9	6,2	5,2	5,9	6,1
Ekvador	0,1	0,1	0,1	0,1	0,2
Peru	0,2	0,4	0,4	0,3	0,4
Venezuella	30,8	32,3	27,4	27,9	29,6
Diğer Orta Amr. Ülk.	8,5	10,0	11,3	11,9	13,6
Orta Amerika Toplamı	**82,9**	**89,1**	**88,5**	**94,0**	**98,9**
Avusturya	8,1	8,3	8,5	8,1	8,6
Azerbaycan	5,6	5,2	5,6	5,4	7,8
Belarus	14,8	15,0	15,3	16,2	16,1
Belçika	12,5	13,8	14,7	14,9	14,6
Bulgaristan	4,1	3,5	3,0	3,3	3,0
Çek Cumhuriyeti	8,5	8,5	8,6	8,3	8,9
Danimarka	4,4	4,8	5,0	4,9	5,1
Fillandiya	3,2	3,7	3,7	3,7	4,1

EK-8 DÜNYA DOĞAL GAZ TÜKETİMİ

				2004-2005	2005
2002	2003	2004	**2005**	değişim	payı
661,6	643,1	645,0	**633,5**	-1,5%	23,0%
85,6	92,2	92,7	**91,4**	-1,1%	3,3%
42,7	45,8	48,6	**49,6**	2,3%	1,8%
789,9	**781,1**	**786,3**	**774,5**	**-1,2%**	**28,2%**
30,3	34,6	37,9	**40,6**	7,4%	1,5%
14,4	15,9	19,0	**20,2**	6,7%	0,7%
6,5	7,1	8,3	**7,6**	-8,2%	0,3%
6,1	6,0	6,3	**6,8**	7,5%	0,2%
0,1	0,1	0,2	**0,2**	0,3%	□
0,4	0,5	0,9	**1,6**	84,2%	0,1%
28,4	25,2	28,1	**28,9**	3,2%	1,1%
14,4	15,9	17,1	**18,3**	7,1%	0,7%
100,7	**105,3**	**117,7**	**124,1**	**5,7%**	**4,5%**
8,5	9,4	9,5	**10,0**	5,7%	0,4%
7,8	8,0	8,6	**8,8**	3,0%	0,3%
16,6	16,3	18,5	**18,9**	2,8%	0,7%
14,8	16,0	16,5	**16,8**	2,3%	0,6%
2,7	2,8	2,9	**3,2**	11,4%	0,1%
8,7	8,7	8,7	**8,5**	-1,1%	0,3%
5,2	5,2	5,2	**5,0**	-3,7%	0,2%
4,0	4,5	4,3	**4,0**	-7,1%	0,1%

EK-8 DÜNYA DOĞAL GAZ TÜKETİMİ

Doğal gaz Tüketimi					
Milyar metreküp	1997	1998	1999	2000	2001
Fransa	34,6	37,0	37,7	39,7	41,7
Almanya	79,2	79,7	80,2	79,5	82,9
Yunanistan	0,2	0,8	1,4	1,9	1,9
Macaristan	10,8	10,9	11,0	10,7	11,9
İzlanda	-	-	-	-	-
İrlanda Cumhuriyeti	3,1	3,1	3,3	3,8	4,0
İtalya	53,2	57,2	62,2	64,9	65,0
Kazakistan	7,1	7,3	7,9	9,7	10,1
Litvanya	2,6	2,3	2,4	2,7	2,8
Hollanda	39,1	38,7	37,9	39,2	39,1
Norveç	3,7	3,8	3,6	4,0	3,8
Polonya	10,5	10,6	10,3	11,1	11,5
Portekiz	0,1	0,8	2,3	2,4	2,6
Romanya	20,0	18,7	17,2	17,1	16,6
Rusya Federasyonu	350,4	364,7	363,6	377,2	372,7
Slovakya	6,3	6,4	6,4	6,5	6,9
İspanya	12,3	13,1	15,0	16,9	18,2
İsveç	0,8	0,9	0,8	0,7	0,7
İsviçre	2,5	2,6	2,7	2,7	2,8
Türkiye	9,4	9,9	12,0	14,1	16,0
Turkmenistan	10,1	10,3	11,3	12,6	12,9
Ukrayna	74,3	68,8	73,0	73,1	70,9

EK-8 DÜNYA DOĞAL GAZ TÜKETİMİ

				2004-2005	2005
2002	2003	2004	**2005**	değişim	payı
41,7	43,3	44,5	**45,0**	1,3%	1,6%
82,6	85,5	85,9	**85,9**	0,3%	3,1%
2,0	2,3	2,5	**2,5**	2,3%	0,1%
12,0	13,1	13,0	**13,4**	3,6%	0,5%
-	-	-	**-**	-	-
4,1	4,1	4,1	**3,9**	-4,6%	0,1%
64,6	70,9	73,6	**79,0**	7,7%	2,9%
11,1	13,3	15,4	**17,8**	15,8%	0,6%
2,9	3,1	3,1	**3,2**	5,1%	0,1%
39,3	40,3	41,1	**39,5**	-3,6%	1,4%
4,0	4,3	4,6	**4,5**	-2,1%	0,2%
11,2	11,2	13,1	**13,6**	4,1%	0,5%
2,8	3,0	3,1	**3,0**	-0,5%	0,1%
17,2	18,3	17,5	**17,3**	-0,7%	0,6%
388,9	392,9	401,9	**405,1**	1,1%	14,7%
6,5	6,3	6,1	**5,9**	-3,1%	0,2%
20,8	23,6	27,4	**32,3**	18,2%	1,2%
0,8	0,8	0,8	**0,8**	-4,5%	□
2,8	2,9	3,0	**3,1**	2,9%	0,1%
17,4	20,9	22,1	**27,4**	24,1%	1,0%
13,2	14,6	15,5	**16,6**	7,5%	0,6%
69,8	68,0	72,9	**72,9**	0,3%	2,6%

EK-8 DÜNYA DOĞAL GAZ TÜKETİMİ

Doğal gaz Tüketimi					
Milyar metreküp	1997	1998	1999	2000	2001
İngiltere	84,5	87,9	92,5	96,9	96,4
Özbekistan	45,4	47,0	49,3	47,1	51,1
Other Europe & Eurasia	14,7	14,6	12,9	13,5	14,7
Avr. ve Avrasya Toplamı	**936,1**	**959,9**	**981,3**	**1013,0**	**1025,4**
Iran	47,1	51,8	58,4	62,9	70,2
Kuveyt	9,3	9,5	8,6	9,6	8,5
Katar	14,5	14,8	14,0	9,7	11,0
Suudi Arabistan	45,3	46,8	46,2	49,8	53,7
Birleşik Arap Emirlikleri	29,0	30,4	31,4	31,4	32,3
Diğer Orta Doğu Ülkeleri	19,6	20,5	21,5	22,1	22,8
Orta Doğu Toplamı	**164,9**	**173,7**	**180,1**	**185,4**	**198,4**
Cezayir	20,2	20,9	21,3	19,8	20,5
Mısır	11,6	12,0	14,3	18,3	21,5
Güney Afrika	-	-	-	-	-
Diğer Afrika Ülkeleri	14,4	14,9	15,2	17,0	17,1
Afrika Toplamı	**46,1**	**47,7**	**50,9**	**55,2**	**59,1**
Avusturalya	21,4	22,4	23,2	23,9	24,5
Bangladeş	7,6	7,8	8,3	10,0	10,7
Çin	19,0	19,7	20,9	23,8	26,8

EK-8 DÜNYA DOĞAL GAZ TÜKETİMİ

				2004-2005	2005
2002	2003	2004	**2005**	değişim	payı
95,1	95,3	97,0	**94,6**	-2,2%	3,4%
52,4	47,2	44,8	**44,0**	-1,4%	1,6%
13,8	14,2	14,4	**15,3**	7,0%	0,6%
1045,2	**1070,6**	**1101,2**	**1121,9**	**2,2%**	**40,8%**
79,2	82,9	86,5	**88,5**	2,5%	3,2%
8,0	9,1	9,7	**9,7**	0,3%	0,4%
11,1	12,2	14,9	**15,9**	6,8%	0,6%
56,7	60,1	65,7	**69,5**	6,1%	2,5%
36,4	37,9	40,2	**40,4**	0,8%	1,5%
23,6	23,9	25,3	**27,0**	7,1%	1,0%
215,1	**226,1**	**242,3**	**251,0**	**3,9%**	**9,1%**
20,2	21,4	22,0	**24,1**	9,8%	0,9%
22,7	24,6	26,2	**25,5**	-2,6%	0,9%
-	-	-	**-**	-	-
17,2	19,2	20,4	**21,6**	6,3%	0,8%
60,1	**65,2**	**68,6**	**71,2**	**4,0%**	**2,6%**
25,2	26,1	25,3	**25,7**	1,6%	0,9%
11,4	12,3	13,3	**14,2**	7,1%	0,5%
28,6	33,2	39,0	**47,0**	20,8%	1,7%

EK-8 DÜNYA DOĞAL GAZ TÜKETİMİ

Doğal gaz Tüketimi					
Milyar metreküp	1997	1998	1999	2000	2001
Çin Hon Kong	2,6	2,5	2,7	2,5	2,5
Hindistan	23,0	24,7	25,9	26,9	27,2
Endonezya	31,9	27,8	31,8	32,3	33,5
Japonya	66,0	68,7	71,7	74,9	76,6
Malezya	16,7	17,4	16,1	24,3	25,8
Yeni Zelenda	5,1	4,5	5,2	5,5	5,7
Pakistan	15,6	16,0	17,3	18,8	19,8
Filipinler	^	^	^	^	0,1
Singapur	1,5	1,5	1,5	1,7	4,5
Güney Kore	16,4	15,4	18,7	21,0	23,1
Tayvan	5,1	6,4	6,2	6,7	7,4
Tayland	14,2	15,1	16,4	19,2	22,2
Diğer Asya Pasifik Ülk.	4,3	4,7	5,0	5,1	5,2
Asya Pasifik Toplamı	**250,4**	**254,3**	**270,9**	**296,7**	**315,7**
Dünya Toplamı	**2249,7**	**2287,3**	**2336,5**	**2435,4**	**2460,8**
AB üyesi 25 ülke	376,6	391,4	406,6	419,9	430,2
OECD	1265,2	1276,0	1303,3	1351,5	1339,9
Eski Sovyet Ülkeleri	519,1	529,4	536,2	551,9	552,9
Diğer	465,4	481,9	496,9	532,0	568,0

^ 0.05'den az

□0.05%'den az

Estonya Litvanya Hariç

(BP, 2006, s.29)

EK-8 DÜNYA DOĞAL GAZ TÜKETİMİ

				2004-2005	2005
2002	2003	2004	**2005**	değişim	payı
2,4	1,5	2,2	**2,2**	-1,3%	0,1%
28,7	29,9	32,7	**36,6**	12,2%	1,3%
34,5	33,4	36,9	**39,4**	7,2%	1,4%
75,2	82,6	78,7	**81,1**	3,3%	2,9%
26,8	31,8	33,9	**34,9**	3,4%	1,3%
5,5	4,1	3,7	**3,6**	-3,3%	0,1%
20,6	23,2	26,9	**29,9**	11,5%	1,1%
1,8	2,7	2,4	**3,0**	27,6%	0,1%
4,9	5,3	6,6	**6,5**	-1,2%	0,2%
25,7	26,9	31,5	**33,3**	6,1%	1,2%
8,5	8,7	10,2	**10,7**	5,1%	0,4%
23,9	26,3	27,4	**29,9**	9,5%	1,1%
5,3	5,6	7,8	**8,9**	14,4%	0,3%
329,0	**353,8**	**378,5**	**406,9**	**7,8%**	**14,8%**
2540,0	**2601,9**	**2694,7**	**2749,6**	**2,3%**	**100,0%**
430,9	450,2	463,4	**471,2**	2,0%	17,1%
1370,3	1392,5	1411,5	**1416,8**	0,7%	51,5%
570,3	571,3	588,1	**595,9**	1,6%	21,7%
599,4	638,1	695,1	**736,9**	6,3%	26,8%

EK-9 TÜRKİYE'NİN BİRİNCİL ENERJİ KAYNAKLARI ÜRETİMİ (Orjinal Birimler)

Yıllar	Taşkömürü (bin ton)	Linyit (bin ton)	Asfaltit (bin ton)	Petrol (bin ton)	Doğal gaz (10^6 m^3)	Hidrolik (gwh)
1980	3598	14469	558	2330	23	11348
1981	3970	16476	560	2363	16	12616
1982	4008	17804	860	2333	45	14167
1983	3539	20956	750	2203	8	11343
1984	3632	26115	225	2087	40	13426
1985	3605	35869	523	2110	68	12045
1986	3526	42284	607	2394	457	11873
1987	3461	42896	631	2630	297	18618
1988	3256	35338	624	2564	99	28950
1989	3038	48762	416	2876	174	17940
1990	2745	44407	276	3717	212	23148
1991	2762	43207	139	4451	203	22683
1992	2830	48388	213	4281	198	26568
1993	2789	45685	86	3892	200	33951
1994	2839	51533		3687	200	30586
1995	2248	52758	67	3516	182	35541
1996	2441	53888	34	3500	206	40475
1997	2513	57387	29	3457	253	39816
1998	2156	65204	23	3224	565	42229

EK-9 TÜRKİYE'NİN BİRİNCİL ENERJİ KAYNAKLARI ÜRETİMİ (Orjinal Birimler)

JEOTERMAL					Hayvan ve	
ELEKTRİK (GWh)	ISI (Bin Tep)	Rüzgar (GWh)	Güneş (Bin Tep)	Odun (BinTon)	Bitki art. (Binton)	TOPLAM (BinTep)
	60			15765	12839	17358
	60			16023	12689	18299
	82			16760	12607	19186
	100			17086	12748	19313
22	178			17256	11978	20322
6	232			17368	11039	21935
44	304		5	17570	11343	23538
58	324		10	17693	11059	25077
68	340		13	17711	10987	24607
63	342		19	17815	10885	25754
80	364		28	17870	8030	25478
81	365		41	17970	7918	25501
70	388		60	18070	7772	26794
78	400		88	18171	7377	26441
79	415		129	18272	7074	26511
86	437		143	18374	6765	26719
84	471		159	18374	6666	27386
83	531		179	18374	6575	28209
85	582	6	210	18374	6396	29324

EK-9 TÜRKİYE'NİN BİRİNCİL ENERJİ KAYNAKLARI ÜRETİMİ (Orjinal Birimler)

Yıllar	Taşkömürü (bin ton)	Linyit (bin ton)	Asfaltit (bin ton)	Petrol (bin ton)	Doğal gaz (10^6 m^3)	Hidrolik (gwh)
1999	1990	65019	29	2940	731	34678
2000	2392	60854	22	2749	639	30879
2001	2494	59572	31	2551	312	24010
2002	2319	51660	5	2420	378	33684
2003	2059	46168	336	2375	561	35330
2004	1946	43709	722	2276	708	46084
2005	2170	55282	888	2281	980	39561

Enerji ve Tabi Kaynaklar Bakanlığı Resmi Sitesi (ETKB), 2007

EK-9 TÜRKİYE'NİN BİRİNCİL ENERJİ KAYNAKLARI ÜRETİMİ (Orjinal Birimler)

JEOTERMAL		Rüzgar	Güneş	Odun	Hayvan ve Bitki art.	TOPLAM
ELEKTRİK (GWh)	ISI (Bin Tep)	(GWh)	(Bin Tep)	(BinTon)	(Binton)	(BinTep)
81	618	21	236	17642	6184	27659
76	648	33	262	16938	5981	26047
90	687	62	287	16263	5790	24576
105	730	48	318	15614	5609	24259
89	784	61	350	14991	5439	23783
93	811	58	375	14393	5278	24332
94	926	59	385	13819	5127	25185

EK-10 TÜRKİYE'NİN BİRİNCİL ENERJİ KAYNAKLARI TÜKETİMİ

Yıllar	Taş kömürü (binton)	Linyit (binton)	Asfaltit (binton)	Petrol (binton)	Doğal gaz (10^6 m^3)	Hidrolik (gwh)	Elektrik (jeo termal) (gwh)	Isı (bintep)
1980	4630	15243	558	15309	23	11348		60
1981	4522	16179	560	15090	16	12616		60
1982	5044	17716	861	16127	45	14167		82
1983	5336	20663	750	16705	8	11343		100
1984	5678	25632	225	16990	40	13426	22	178
1985	6189	34767	523	17270	68	12045	6	232
1986	6545	42354	607	18688	457	11873	44	304
1987	7220	40653	631	21239	735	18618	58	324
1988	7525	33080	624	21302	1225	28950	68	340
1989	6825	47557	409	21732	3162	17940	63	342
1990	8191	45891	287	22700	3418	23148	80	364
1991	8824	48851	139	22113	4205	22683	81	365
1992	8841	50659	197	23660	4612	26568	70	388
1993	8544	46086	102	27037	5088	33951	78	400
1994	8192	51178	0	25859	5408	30586	79	415
1995	8548	52405	66	27918	6937	35541	86	437
1996	10892	54961	34	29604	8114	40475	84	471
1997	12537	59474	29	29176	10072	39816	83	531

EK-10 TÜRKİYE'NİN BİRİNCİL ENERJİ KAYNAKLARI TÜKETİMİ

Rüzgar (Gwh)	Güneş (bintep)	Odun (binton)	Hayvan ve Bitki art. (binton)	Elektrik İthalatı (gwh)	Elektrik İhracatı (gwh)	Toplam (bintep)
		15765	12839	1341		31973
		16023	12689	1616		32049
		16760	12607	1773		34388
		17086	12748	2221		35697
		17256	11978	2653		37425
		17368	11039	2142		39399
	5	17570	11343	777		42472
	10	17693	11059	572		46883
	13	17711	10987	381		47910
	19	17815	10885	559		50705
	28	17870	8030	176	-907	52987
	41	17970	7918	759	-506	54278
	60	18070	7772	189	-314	56684
	88	18171	7377	213	-589	60265
	129	18272	7074	31	-570	59127
	143	18374	6765	0	-696	63679
	159	18374	6666	270	-343	69862
	179	18374	6575	2492	-271	73779

EK-10 TÜRKİYE'NİN BİRİNCİL ENERJİ KAYNAKLARI TÜKETİMİ

Yıllar	Taş kömürü (binton)	Linyit (binton)	Asfaltit (binton)	Petrol (binton)	Doğal gaz (10^6 m^3)	Hidrolik (gwh)	Elektrik(jeo termal) (gwh)	Isı (bintep)
1998	13146	64504	23	29022	10648	42229	85	582
1999	11362	64049	29	28862	12902	34678	81	618
2000	15525	64384	22	31072	15086	30879	76	648
2001	11176	61010	31	29661	16339	24010	90	687
2002	18830	52039	5	29776	17694	33684	105	730
2003	17535	46051	336	30669	21374	35330	89	784
2004	18904	44823	722	31729	22446	46084	93	811
2005*	19421	56577	738	30016	27314	39561	94	926

Enerji ve Tabi Kaynaklar Bakanlığı Resmi Sitesi (ETKB), 2007

EK-10 TÜRKİYE'NİN BİRİNCİL ENERJİ KAYNAKLARI TÜKETİMİ

Rüzgar (Gwh)	Güneş (bintep)	Odun (binton)	Hayvan ve Bitki art. (binton)	Elektrik İthalatı (gwh)	Elektrik İhracatı (gwh)	Toplam (bintep)
6	210	18374	6396	3299	-298	74709
21	236	17642	6184	2330	-285	74275
33	262	16938	5981	3791	-437	80500
62	287	16263	5790	4579	-433	75402
48	318	15614	5609	3588	-435	78331
61	350	14991	5439	1158	-588	83826
58	375	14393	5278	464	-1144	87818
59	385	13819	5127	636	-1798	91576

EK-11 DÜNYADA NÜKLEER REAKTÖRLER VE DURUMLARI

.	İşletmede		İnşa Halinde		Tekrar Çalıştırılmamak Üzere Kapalı		Uzun Süredir Kapalı	
Ülke	**Ünite Sayısı**	**Top. Mwe**	**Ünite Sayısı**	**Top. Mwe**	**Ünite Sayısı**	**Top. Mwe**	**Ünite Sayısı**	**Top. Mwe**
ABD	103	98446	0	0	28	9764	1	1065
Almanya	17	20339	0	0	19	5944	.	.
Arjantin	2	935	1	692	.	.	.	.
Belçika	7	5801	0	0	1	11	.	.
Brezilya	2	1795	0	0	.	.	.	.
Bulgaristan	2	1906	2	1906	4	1632	.	.
Çek Cum.	6	3523	0	0	.	.	.	.
Çin	10	7572	5	4220	.	.	.	.
Çin Tayvan	6	4921	2	2600	.	.	.	.
Ermenistan	1	376	0	0	1	376	.	.
Finlandiya	4	2696	1	1600	.	.	.	.
Fransa	59	63363	0	0	11	3951	.	.
Güney Afrika	2	1800	0	0	.	.	.	.
Hindistan	16	3530	7	3112	.	.	.	.

Hollanda	1	482	0	0	1	55	.	.
İngiltere	19	10982	0	0	26	3324	.	.
İran	0	0	1	915	.	.	.	.
İtalya	.	..	.	.	4	1423	.	.
İspanya	8	7450	0	0	2	621	.	.
İsveç	10	9056	0	0	3	1225	.	.
İsviçre	5	3220	0	0	.	.	.	.
Japonya	55	47587	1	866	3	320	1	246
Kanada	18	12584	0	0	3	478	4	2568
Kazakistan	.	...	.	.	1	52	.	.
Kore Cum.	20	17454	1	960	.	.	.	.
Litvanya	1	1185	0	0	1	1185	.	.
Macaristan	4	1755	0	0	.	.	.	.
Meksika	2	1360	0	0	.	.	.	.
Pakistan	2	425	1	300	.	.	.	.
Romanya	1	651	1	655	.	.	.	.
Rusya	31	21743	5	4525	5	786	.	.
Slovakya	5	2034	0	0	2	518	.	.
Slovenya	1	666	0	0	.	.	.	.
Ukrayna	15	13107	2	1900	4	3500	.	.
Toplam	**435**	**368744**	**30**	**24251**	**119**	**35165**	**6**	**3879**

http://www.iaea.org/programmes/a2/index.htm

EK-12 TÜRKİYE'NİN MEVCUT DOĞAL GAZ – PETROL BORU HATLARI VE PROJELERİ

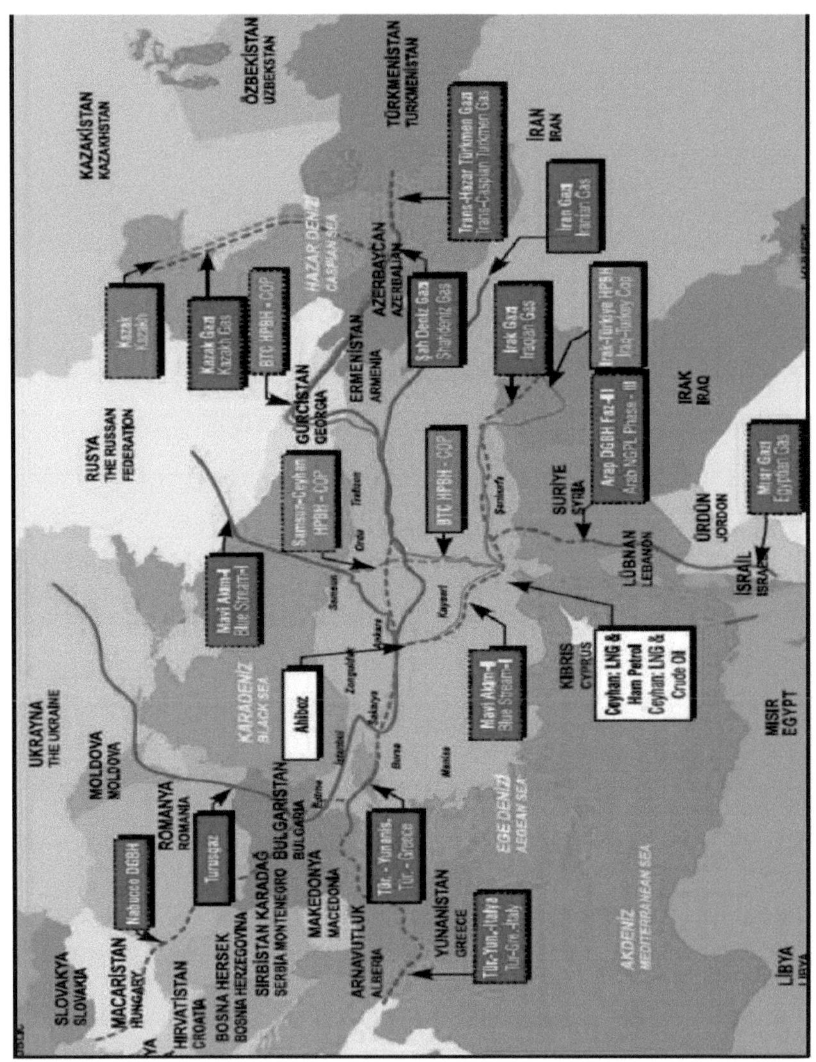

BOTAŞ, 2006, s.64

KAYNAKLAR DİZİNİ

1.KİTAPLAR

- AKMAN Aslıhan, "**Azerbaycan Kadim Coğrafyanın Genç Ülkesi**", İlke Yayıncılık, İstanbul, 2005
- ARMAOĞLU Fahir, **"20.yüzyıl Siyasi Tarihi: 1914-1980"**, Türkiye İş Bankası Yayınları, Ankara, 1992
- ARI Tayyar, **"Geçmişten Günümüze Ortadoğu: Siyaset, Savaş ve Diplomasi"**, Alfa Yayınları, İstanbul, 2005
- ASAM, **"İran Özel – Avrasya Dosyası"**, Cilt:5, Sayı:3, 1999
- ASAM, **"Azerbaycan Özel- Avrasya Dosyası"**, Cilt:7, Sayı:1, 2001
- ASAM, **"Türkmenistan Özel- Avrasya Dosyası"**, Cilt:7, Sayı:2, 2001
- ASAM, **"Özbekistan Özel- Avrasya Dosyası"**, Cilt:7, Sayı:3, 2001
- ASAM, **"Kazakistan - Kırgızistan Özel- Avrasya Dosyası"**, Cilt:7, Sayı:4, 2002
- ASAM, "**Türk Dünyası – Çin Avrasya Dosyası"**, Cilt:12, Sayı:1, 2006
- ASAM, **"Türkiye - Ortadoğu- Avrasya Dosyası"**, Cilt:12, Sayı:2, 2006
- AYDEMİR Şevket Süreyya, **"Enver Paşa"**, Remzi Yayınevi, İstanbul, 2000
- BALBAY Mustafa, **"İran Raporu, Cumhuriyet Kitapları"**, İstanbul, 2006
- BİLGİN Mert, **"Hazar'da Son Darbe"**, IQ Yayınları, Mayıs,2005

- BREZİNSKİ Zbigniew, **"Büyük Santranç Tahtası",** İnkilap Yayınları, 2005
- BURAK Ömer, **"Türkiye'nin Dünya Ülkeleri Açısından Jeopolitik Önemi ve Avrasya'daki Yeri"**, Bilge Yayınları, Mart, 2006
- CANKARA Yavuz, **"Yeni Oyun: İran'ın Nükleer Politikası"**, IQ Yayınları, İstanbul, 2005
- ÇEBi Hakan Yılmaz, **"Türkiye'nin Petrol Savaşları"**, Karakutu Yayınları, Eylül,2006
- DAVUTOĞLU Ahmet, "**Stratejik Derinlik**", Küre Yayınları, İstanbul, 2004
- DEMİRBAŞ Bülent, **"Musul Kerkük Olayı ve Osmanlı İmparatorluğunda Kuveyt Meselesi"**, Arba Yayınları, İstanbul, 1995
- DUGIN Aleksandr, "**Rus Jeopolitiği Avrasyacı Yaklaşım**", Küre Yayınları, İstanbul, 2005
- DURAN Daniel, **"Uluslararası Petrol Sorunları"**, Gelişim Yayınları, İstanbul, 1974
- FOUSKAS Vassilis K., **"Balkanlar Ortadoğu Kafkasya Soğuk Savaş Sonrası ABD Politikaları"**, Aykırı Yayınları, 2004
- FUKUYAMA Francis, **"Tarihin Sonu ve Son İnsan",** Gün Yayıncılık, İstanbul, 1999
- GAZEL Fırat, **"Mavi Akım- Avrasya'da Çözümsüzlüğün Öyküsü"**, Metis Yayınları, İstanbul, 2004
- GÜL Atakan ve Ayfer Yazgan, **"Avrasya Boru Hatları ve Türkiye"**, Bağlam Yayınları, İstanbul, 1995

- İBRAHİMLİ Haleddin, **Değişen Avrasya'da Kafkasya**, ASAM Yayınları, Ankara, 2001,
- KARADAĞ Raif, **"Petrol Fırtınası"**, Emre Yayınları, İstanbul, 2005
- KAYNAK Mahir–GÜRSES Emin, **"Büyük Ortadoğu Projesi"**, Timaş Yayınları, İstanbul, 2006
- KİSSİNGER Henry, "**Diplomasi**", Türkiye İş Bankası Yayınları, İstanbul, 2000
- KRAMER Heinz, **"Avrupa ve Amerika Karşısında Değişen Türkiye"**, Timaş Yayınları, İstanbul, 2001
- LESSER Ion O. and FULLER Graham E.,**"Balkanlardan Batı Çin'e Türkiye'nin Yeni Jeopolitik Konumu"**, Alfa Yayınları, İstanbul, 2000
- MERT Okan, **"Türkiye'nin Kafkasya Politikası ve Gürcistan"**, IQ Yayınları, Eylül, 2004
- MISIROĞLU Kadir, **"Musul Meselesi ve Irak Türkleri"**, Sebil Yayınevi, İstanbul, 1994
- PAMİR A.Necdet, **"Bakü-Ceyhan Boru Hattı, Orta Asya ve Kafkasya'da Bitmeyen Oyun"**, ASAM Yayınları, Ankara, 1999
- SARAY Mehmet, **"Yeni Türk Cumhuriyetleri Tarihi"**, T.T.K. Yayınları, Ankara, 1999
- ULUĞBAY Hikmet, **"Petropolitik"**, Turkish Daily News Yayınları, Ankara, 1995
- ÜŞÜMEZSOY Şener ve ŞEN Şamil, **"Yeni Dünya Petrol Düzeni ve Körfez Savaşları"**, İnkılap Yayınları, İstanbul, 2003
- YALÇINKAYA Alaeddin, **"Türk Cumhuriyetleri ve Petrol Boru Hatları"**, Bağlam Yayınları, Kasım, 1998

- YERGIN Daniel, **"Petrol"**, Türkiye İş Bankası Kültür Yayınları, Ankara, 1995
- YÜCE Çağrı Kürşat, **"Kafkasya ve Orta Asya Enerji Kaynakları Üzerinde Mücadele"**, Ötüken Yayınları, 2006

2. TEZ VE MAKALELER

- ALTIN Vural, **"Nükleer Enerji"**, Bilim ve Teknik Dergisi, Ağustos 2004
- ALTUNTAŞ Ümit, **"Oıl And Gas In The Caspıan Sea: Prospects For Turkey's Energy Securıty"**, Hacettepe Üniversitesi, Ankara, 2003
- ASLANLI Araz, **"Yüzyılın Enerji Projesi Tamamlandı"**, Cumhuriyet Strateji, 10 Temmuz 2006
- ASLANLI Araz, **"Liderler Kamuoylarını Aşamıyor"**, Cumhuriyet Strateji, Mart 2006
- ÇALIŞKAN Emre, **"Bor Rezervleri ve İhracatı Artıyor"**, Cumhuriyet Strateji, 06 Aralık 2004
- ÇAYCI Sadi, **"Kerkük'ün Hukuki Durumu"**, Stratejik Analiz Dergisi, Şubat 2006
- ÇAYLI Bahir, **"Hazar Petrolleri Petrol Boru Hattı Projeleri ve Türkiye"**, İstanbul Üniversitesi, 2002
- ÇELİKPALA Mitat, **"Kafkaslarda Büyük Oyun"**, Cumhuriyet Strateji, 8 Ocak 2007
- DEVLET Nadir, **"Enerji Hatlarının Güvenliliğinde Ülkelerin İstikrar Sorunları"**, 2006

- DİLEK Bahadır Selim, **"Enerji Mücadelesi Yeniden Başlıyor"**, Cumhuriyet Strateji, 1 Ocak 2007
- DOĞAN Cengiz, **"Türkiye'nin Enerji Politikasında Mavi Akım Doğal Gaz Boru Hattının Yeri ,Türkiye'nin Enerji Kaynaklarında Dış Ülkelere Bağımlılıklarının Milli Güce Etkisi Nedir?"**, Harp Akademileri Komutanlığı, İstanbul, 2002
- DORUK Bilgehan, **"Türkiye'nin Ülke Sınırları Dışında Yaşayan Türkler ile İlgili Politikası Nedir? Uluslar Arası Alanda Etkili Olarak Kullanabiliyor mu? ERMENİ Diasporasının Etkileri Göz Önüne Alındığında, Ülkemizin Dışarıda Yaşayan Türkler ile İlgili Dış Politikası Nasıl Olmalıdır?"**, Harp Akademileri Komutanlığı, İstanbul, 2002
- DÖNGÖR Melih, **"Baku – Tbılısı – Ceyhan Pipeline and İts Impacts For Turkey"**, Hacettepe Üniversitesi, Ankara, 2003
- EKREM Nuraniye Hidayet, **"Pekin'in Stratejik Tercihi"**, Cumhuriyet Strateji, 12 Haziran 2006
- EKREM Nuraniye Hidayet, **"Boru Hattı Pekin'i Kaygılandırıyor"**, Cumhuriyet Strateji, 4 Eylül 2006
- FİLİZFİDANOĞLU Dilek, **"Yüzyılın Enerji Kaynağı: Bor"**, Cumhuriyet Strateji, 27 Kasım 2006
- GÜL Ahmet, **"Hazar Petrolünün Taşınmasında, Ulaşım Hatlarını Dikkate Alarak Kullanılabilecek Proje ve Alternatiflerini Belirleyiniz. Türkiye'nin Menfaatleri Açısından Hal Tarzlarınızı Uygunluk, Tatbik Kabiliyeti,Kabul Edilebilirlik Kriterlerini Gözönüne Alarak Değerlendiriniz"**, Harp Akademileri Komutanlığı, İstanbul, 2003

- HERGÜNER Mustafa, **"Sevr Antlaşması"**, Cumhuriyet Strateji, 08 Ağustos 2005
- HERGÜNER Mustafa, **"Doğu Akdeniz Enerji Merkezi"**, Cumhuriyet Strateji, 26 Mart 2007
- KAKAÇ Sadık, **"Nükleer Enerji ve Kullanılmış Yakıtlar"**, TÜBA, Kasım 2006, Sayı:35, ISSN: 1302-9541
- KANBOLAT Hasan, **"Ermenistan Sınırı Açılmalı mı?"**, Stratejik Analiz Dergisi, Eylül, 2005
- KANBOLAT Hasan, **"Türkiye Kafkasya'ya Demir Ağlarla Bağlanacak mı?"**, Stratejik Analiz Dergisi, Eylül 2005
- KARA Sinem, **"Rusya Enerji Politikasını Sağlamlaştırıyor"**, Cumhuriyet Strateji, 14 Ağustos 2006
- KIRAÇ Gürol, **"Pekin'in enerji mücadelesi"**, Cumhuriyet Strateji, 05 Eylül 2005
- KIRAÇ Gürol, **"Astana'nın Petrol Atağı"**, Cumhuriyet Strateji, 05 Haziran 2006
- KÜLEBİ Ali, **"Petrol'de Oyun"**, Cumhuriyet Strateji, 17 Ekim 2005
- KÜLEBİ Ali, **"Petrol Sektörü Yabancılara Bırakılıyor"**, Cumhuriyet Strateji, 3 Temmuz 2006
- KÜLEBİ Ali, **"Enerji Merkezlerinin Güvenliği"**, Cumhuriyet Strateji, 10 Temmuz 2006
- NOGAYEVA Ainur, **"Pekin Orta Asya'da ilerliyor "**, Cumhuriyet Strateji, 15 Ocak 2007
- MAYAMEROVA Aynur, **"Çin'in Kazakistan İlgisi"**, Cumhuriyet Strateji, 26 Aralık 2005

- OĞAN Sinan, **"Rus-Çin Ortaklığı ABD'yi Zorluyor"**, Stratejik Analiz Dergisi, Ekim, 2005
- ORAL Erkan, **"Yeryüzündeki Tüketilir Enerji Kaynaklarının Durumu ile Gelecekteki Enerji İhtiyaçları ve Enerji Kaynakları Açısından Türkiye'nin Konumunun Değerlendirilerek Uygulanması Gereken Stratejilerin Belirlenmesi"**, Harp Akademileri Komutanlığı, İstanbul, 2005
- ORHAN Oytun, **"Suriye, Dönüşüm ve Türkiye"**, Stratejik Analiz Dergisi, Eylül 2005
- PAMİR A.Necdet, **"Avrupa Birliği'nin Enerji Sorunsalı ve Türkiye"**, Stratejik Analiz Dergisi, Kasım, 2005
- PAMİR A.Necdet, **"Çin ve Enerji Güvenliği"**, Stratejik Analiz Dergisi, Ekim, 2005
- PAMİR A.Necdet, **"Irak:Hem Gözden Hem Gönülden Irak mı?"**, Stratejik Analiz Dergisi, Mart, 2006
- SARIKAYA Cüneyt, **"Dünya Siyasetinde Petrolün Yeri Nedir ? Kafkasya ve Orta Asya Petrol ve Doğal Gazının Dünya Piyasalarına Taşınması Konusunda Türkiye'nin Politikaları Nasıl Olmalıdır?"**, Harp Akademileri Komutanlığı, İstanbul, 2003
- TAFLAN H.Serfan, **"Dünya ve Türkiye'de ki Mevcut ve Alternatif Enerji Kaynakları ve Politikaları"**, Gebze İleri teknoloji Enstitüsü, 2003
- TANSİ Deniz, **"Örtüşen ve Çelişen Yönleriyle Türkiye-İsrail İlişkileri"**, Cumhuriyet Strateji, 5 Mart 2007
- VELİEV Cavid, **"Avrupa'ya Türkiye Üzerinden Tahran Gazı"**, Cumhuriyet Strateji, 28 Ağustos 2006

- VELİEV Cavid, **“Kafkaslarda Enerji Mücadelesi”**, Cumhuriyet Strateji, 18 Aralık 2006
- YAPICI Utku, **“Putin Merkezi Yönetimi Güçlendiriyor”**, Cumhuriyet Strateji,16 Ocak 2006
- YAŞIN Gözde Kılıç, **“Balkanlarda Boru Hattı Yarışı”**, Cumhuriyet Strateji, 11 Mart 2005
- YAŞIN Gözde Kılıç, **“Türk Boğazları Devre Dışı”**, Cumhuriyet Strateji, 19 Şubat 2007
- YAVUZ Ünsal, **“Çanakkale Savaşları: Emperyalizmin İlk Yenilgisi”**, Cumhuriyet Strateji, 14 Mart 2005

3. RESMİ BELGE ve RAPORLAR

- BOTAŞ, **“Yıllık Rapor 1999”**, Ankara, 2000
- BOTAŞ, **“Yıllık Rapor 2005”**, Ankara, 2006
- BP, **“Statistical Review of World Energy 2001”**, Haziran, 2002
- BP, **“Statistical Review of World Energy 2005”**, Haziran, 2006
- METSCHİES Gerhard P., **“İnternational Fuel Prices 2005”**, Deutsche Gesellschaft für Technische Zusammenarbeit (GTZ) GmbH, 2005
- OPEC, **“Annual Report 2005”**, Haziran, 2006
- YILDIRIM Sevil, **“Dünyada ve Türkiyede Petrol”**, T.C. Başbakanlık Dış Ticaret Müsteşarlığı Ekonomik Araştırmalar ve Değerlendirme Genel Müdürlüğü, Ankara, 2003
- TÜBİTAK, **“Dünya Enerji Bakışı”**, 2002

4. GAZETELER

- ATAÖV Türkkaya, **"ABD 11 Eylül'ü Biliyordu"**, Cumhuriyet Gazetesi, 26 Ekim 2002
- AYDİLEK Olcay, **"Wilson: Samsun – Ceyhan'a ABD'den Destek Gelmez"**, Sabah Gazetesi, 5 Mart 2007
- BAŞLAMIŞ Cenk, **"Putin Engeli"**, Milliyet Gazetesi, 13 Mayıs 2007
- Cumhuriyet Gazetesi, **"Etibank'ın Satışı Yasadışı"**, 17 Şubat 2001
- Cumhuriyet Gazetesi, **"TÜPRAŞ'ta B Planı Devrede"**, 08 Aralık 2004
- Cumhuriyet Gazetesi, **"Mavi Akım'da Formül Faturası"**, 17 Kasım 2005
- Cumhuriyet Gazetesi, **"Danıştay'dan TÜPRAŞ Satışında İptale Onay"**, 13 Ocak 2007
- GÜRER Mahmut, **"Doğal gaz Savaşları"**, Cumhuriyet Gazetesi, 06.01.2007
- KANSU Işık, **"Petrol Oyunları"**, Cumhuriyet Gazetesi, 3 Şubat 2007
- Sabah Gazetesi, **"Yüce Divan Kuruldu"**, 03 Kasım 2004
- ŞAHİN Zeynep, **"Mavi Akım'ın Açılışı Yapıldı"**, Cumhuriyet Gazetesi, 18 Kasım 2005
- TAVŞANOĞLU Leyla, **"Kazığı Atanlar Hâlâ Sahnede"**, Cumhuriyet Gazetesi, 5 Şubat 2006
- YILDIZOĞLU Ergin, **"Petrole ve Gaza Hücum"**, Cumhuriyet Gazetesi, 28 Ekim 2002

5. KONUŞMA ve BASIN TOPLANTILARI

- PAMİR A.Necdet, **"Türkiye'nin Çevresindeki Gelişmeler ve Türkiye'nin Güvenlik Politikalarına Etkileri Sempozyumu"**, Harp Akademileri, İstanbul, 2006
- TMMOB, **"Petrol Yasa Tasarısı Paneli"**, http://www.tmmob.org.tr/modules.php?op=modload&name=News&file=article&sid=1115&mode=thread, 20 Şubat 2006
- TBMM Basın Bildirileri , **"TBMM Başkanı Sayın Bülent Arınç'ın İsveç Parlamentosu'na Hitaben Yaptıkları Konuşma"**, http://www.tbmm.info/modules.php?name=pressrelease&lang=tr&uid=bulentarinc&file=index_detay&idMPressRelease=2366&PHPSESSID=5ff4fb5b1632f99a850e0c71e0177261, 2006

6. İNTERNET KAYNAKLARI

- ASLANLI Araz **"Bakü-Tiflis-Ceyhan: Petrolün Ötesinde Önem Taşıyan Hat"**, http://www.tusam.net/makaleler.asp?id=48&sayfa=24, 2004
- ASLANLI Araz, **"Kazakistan BTC'ye katılıyor"**, http://www.tusam.net/makaleler.asp?id=215&sayfa=16, 2005
- AYNURAL Salih, **"Türk Dünyasının Petrol Ve Doğal Gaz Zenginliği"**, http://www.turkistan.org.tr/turkistan/kategori.php?islem=Kat&katid=17, Ekim, 2006

- BOTAŞ, **"Doğal gaz Ticareti"**, http://www.botas.gov.tr/dogalgaz /dg_ticareti.asp, 29 Mayıs 2007
- BOTAŞ, **"Kontrata Bağlanmış Arz Mikatarları"**, http://www.botas.gov.tr/ dogalgaz/dg_arztaleb_sen.asp, 29 Mayıs 2007
- BOTAŞ, **"Hazar Geçişli Türkmenistan-Türkiye-Avrupa Doğal Gaz Boru Hattı Projesi"**, http://www.botas.gov.tr/projeler/tumprojeler/ hazar.asp, 29 Mayıs 2007
- BOTAŞ, **"Azerbaycan-Türkiye (Şahdeniz) Doğal Gaz Boru Hattı Projesi"**, http://www.botas.gov.tr/projeler/tumprojeler/azerbaycan.asp, 29 Mayıs 2007
- BOTAŞ, **"Türkiye – Yunanistan Doğal Gaz Boru Hattı Projesi"**, http://www.botas.gov.tr/projeler/tumprojeler/yunanistan.asp, 29 Mayıs 2007
- BOTAŞ, **"Mısır – Türkiye Doğal Gaz Boru Hattı Projesi"**, http://www.botas.gov.tr/projeler/tumprojeler/misir.asp, 29 Mayıs 2007
- BOTAŞ, **"Irak – Türkiye Doğal Gaz Boru Hattı Projesi"**, http://www.botas.gov.tr/projeler/tumprojeler/irak.asp, 29 Mayıs 2007
- BOTAŞ, **"Türkiye – Bulgaristan – Romanya - Macaristan Doğal Gaz Boru Hattı Projesi"**, http://www.botas.gov.tr/projeler/tumprojeler/ bulgaristan.asp, 29 Mayıs 2007
- DTM Resmi Sitesi, **"Dünya Doğal Gaz Rezervleri Tüketimi ve Muhtemel Gelişmeler"**, www.dtm.gov.tr, 2000

- EİE, **"Türkiye'de Jeotermal Enerji"**, http://www.eie.gov.tr/turkce/jeoloji/ jeotermal/13turkiyede_jeotermal_enerji.html, 2007
- EİE, **"Türkiye'de Güneş Enerjisi"**, http://www.eie.gov.tr/turkce/gunes/ tgunes.html, 2007
- EİE, **"Rüzgar Enerjisi Çalışmaları"**, http://www.eie.gov.tr/turkce/ruzgar/ ruzgar_med2010.html, 2007
- EİE, **"Biyokütlede Gazlaştırma"**, http://www.eie.gov.tr/gazlastirma/ gazlastirma_nedir.html, 2007
- EİE, **"Hidrojen Enerjisi"**, http://www.eie.gov.tr/hidrojen/index_hidrojen.html, 2007
- ETKB, **"Türkiye'nin Birincil Enerji Kaynakları Üretim/Tüketimi"**, www.enerji.gov.tr, 2007
- KIRAÇ Gürol, "**Hangisi Daha Stratejik Su mu Yoksa Petrol-Doğal gaz mı?"**, http://www.tusam.net/makaleler.asp?id=37&sayfa=25, 2004
- KIRAÇ Gürol, "**Orta Asya Türk Cumhuriyetleri'nin Global Enerji Poltikalarındaki Stratejik Önemi"**, http://www.tusam.net/makaleler .asp?id=46&sayfa=24, 2004
- NTVMSNBC, **"Petrol Yasa Tasarısı Komisyonda"**, http://www.ntvmsnbc.com/news /400010.asp, 15 Şubat 2007
- SOMUNCUOĞLU Anar, **"Yeni Enerji Haritası Çiziliyor"**, http://www.tusam.net/makaleler. asp?id=469& sayfa=3, Eylül 2005
- SOMUNCUOĞLU Anar, **"Orta Asya'da Denge Oyunu"**, http://www.tusam.net/makaleler.asp?id=493&sayfa=3, 2006
- SOMUNCUOĞLU Anar, **"Yeni enerji haritası çiziliyor"**, http://www.tusam.net/makaleler.asp?id=469&sayfa=3, 2006

- TAEK, **"Nükleer Elektrik"**, http://www.taek.gov.tr/bilgi/bilgi_ maddeler /nuk_elektrik.html, Haziran 2007
- TAEK, **"Olumlu Olumsuz Görüşler"**, Haziran 2007, http://www.taek.gov.tr/bilgi/bilgi_maddeler/gorusler.html
- ULUĞBAY Hikmet, **"Irak Petrol ve Doğal Gaz Yasa Tasarısı Penceresinden Bakınca Türk Petrol Kanunu"**, www.hikmetulugbay. com, 25 Mart 2007
- YALÇIN Semih, **"Misâk-ı Millî ve Lozan Barış Konferansı Belgelerinde Musul Meselesi"**, www.haberbilgi.com/bilim/tarih/ musul.html, Aralık 2001,
- YÜCE Çağrı Kürşat, **"Avrasya'daki Mevcut ve Planlanan Boru Hatları"**, http://www.usakgundem.com/makale.php?id=185
- www.wikipedia.org.tr
- www.boren.gov.tr
- www.iaea.org
- http://www.enerji.gov.tr/nukleerenerji.htm

Printed by Books on Demand GmbH, Norderstedt / Germany